荒野守望

野生世界
观察笔记

[澳大利亚] 彼得·斯莱特　　拉乌尔·斯莱特　　萨莉·埃尔默　著
（Peter Slater）　　（Raoul Slater）　　（Sally Elmer）

姚雪霏　译

VISIONS of
WILDNESS

人民邮电出版社

北京

图书在版编目（C I P）数据

荒野守望 ：野生世界观察笔记 ／（澳）彼得·斯莱特（Peter Slater）著 ；（澳）拉乌尔·斯莱特（Raoul Slater），（澳）萨莉·埃尔默（Sally Elmer）著 ；姚雪霏译. -- 北京 ：人民邮电出版社，2022.7
ISBN 978-7-115-59155-5

Ⅰ．①荒… Ⅱ．①彼… ②拉… ③萨… ④姚… Ⅲ．①野生动物－普及读物 Ⅳ．①Q95-49

中国版本图书馆CIP数据核字(2022)第063861号

版 权 声 明

◆ 著 [澳]彼得·斯莱特（Peter Slater）
　　　　 [澳]拉乌尔·斯莱特（Raoul Slater）
　　　　 [澳]萨莉·埃尔默（Sally Elmer）
　 译 姚雪霏
　 责任编辑 赵 轩
　 责任印制 王 郁 陈 犇

◆ 人民邮电出版社出版发行　北京市丰台区成寿寺路 11 号
　 邮编 100164　电子邮件 315@ptpress.com.cn
　 网址 https://www.ptpress.com.cn
　 中国电影出版社印刷厂印刷

◆ 开本：889×1194　1/20
　 印张：14　　　　　　　　2022 年 7 月第 1 版
　 字数：434 千字　　　　　2022 年 7 月北京第 1 次印刷
　 著作权合同登记号　图字：01-2018-3260 号

定价：99.90 元
读者服务热线：(010)81055410　印装质量热线：(010)81055316
反盗版热线：(010)81055315
广告经营许可证：京东市监广登字 20170147 号

目　录

紫颈岩袋鼠（*Petrogale purpureicollis*）。

序

目前，荒野正在迅速消失，它不再是某个看得见摸得着的地方，而逐渐成为人们心中的某种想象。澳大利亚几乎没有可以被称作"荒野"的地方了，再也没有从未受过人类影响的纯天然环境。在这个广袤的国度中，无论你去哪里旅行，只要稍加留意，就会发现人类的痕迹：流浪的宠物、入侵的杂草、被毁了或变了的植被。也许在阿纳姆州或金伯利高原，能有某个与世隔绝的峡谷——人类还尚未亲自踏足。但即便是生长在最荒凉的沙漠、最偏远的角落的禾本科鬣刺属植物，也早就遭受了人类几千年来的反复焚烧。几千年来，人们一直在改造着澳大利亚：砍伐森林，引入有蹄类，引入猫和狐狸屠杀鸟类、哺乳动物、爬行动物，不科学地焚田，引入外来植物逼死本地原生的牧草。以这些手段改造得来的生态系统，远远不及原来的那个天然的大自然有趣。

然而，在澳大利亚的自然界中，还有很多没那么容易受影响的生物。对它们来说，人类就好像从未存在过似的。它们具有很多特点，我觉得其中最特别的一点是它们很有野性。这一特点其实往往跟荒野本身毫无关系，甚至还有点儿矛盾，即使在它们生活的环境中已经没什么荒野存在了，无数生物仍然保留着它们的野性。有没有我们人类，它们都按自己以前的老一套生活着，自然而然地生存着，甚至就活在已经被我们毁了的环境中。在丛林里、在沙漠中、在我自己的家里（有些野生动物可觉得我家是个超舒适的洞穴呢），我总在观察、拍摄和描绘其中的一些生物。我做了很多真心后悔的事，跟很多人一样，我满身瑕疵。但这本书与瑕疵无关，这本书是瑕疵之外的美好，是我存在的理由，是我从荒野中所见到的生物百态。

彼得·斯莱特

迎燕（*Hirundo neoxena*）欢迎你。

引 言

类学。我热爱黄蜂，但日渐严重的听力问题掏空了我生活中的两大爱好：欣赏鸟儿的啼鸣和舒伯特的音乐。幸运的是，我的视力还行，并且窗外还有所有人都能看到的荒野景象。

彼得·斯莱特

我的父母热爱大自然，我的父亲彼得是澳大利亚第一本观鸟指南的作者和插画师，我的母亲帕特是一个高产的博物类著作的作者。这些对他们工作简单直白的描述，远远不足以表达他们对野生动植物的热爱。我早期童年回忆里的家庭温暖，都是和受伤的动物有关的，比如，蟆口鸱（Podargidae spp.）和狐蝠（Pteropodidae spp.）。有些鸟的性格可好了，曾经一只佛法僧幼鸟很快就融入了我们的大家庭。

我父母爱护野生生物最好的例子，就是他们对待蜂类的态度。大多数人讨厌这些优雅的昆虫，一见到蜂窝就捅掉。但我的父亲特别喜欢它们，尤其是独居的泥壶蜂。它们用泥浆筑巢，然后用瘫痪的昆虫和蜘蛛填满巢穴，来喂养自己的幼虫。我们还曾给它们的筑巢和捕猎行为计数——每隔42秒带泥球回蜂窝一次，特别准时。当时，我们的房子四周围满了它们的巢。它们找猎物的速度不算太快，我们都来得及数出一只泥壶蜂从花园里抓了多少只蜘蛛和毛毛虫塞进洞里。我们简单估算了一下花园里虫子的数量，如果虫子的数量按照指数来增长的话，一年后这些虫子的数量简直能达到一个天文数字。要不是这些勤奋的泥壶蜂，我们早就被埋在噩梦般的、膝深的蜘蛛和蛴螬里了。

有只泥壶蜂选择在我们客厅的天花板上筑蜂窝。我们看它来来回回忙碌了半天，之后好久都没飞回来。再回来的时候，它的一只翅膀的翼尖没了，可能是鸟儿袭击了它。可怜的小家伙！它当时都飞不到天花板上去。想象一下，如果你跟我一样是个小男孩儿，你

帕特临终前面对癌症时非常勇敢，还很幽默。当最后那一刻来临时，我问她希望来生变成什么。我以为是阿拉伯马，因为她很爱马。结果她说佛法僧（Coraciidae spp.）。这是我们家那只佛法僧的画像，它反反复复就只说一句话："咳咳咳咳……"

父亲这时候把蜂窝从墙上剥离下来，放到苦苦挣扎的泥壶蜂面前，你会怎么想。你当然可以为了教育孩子吼到嘶哑，但只有这些发自内心的微妙动作，才能让他潜移默化地受到影响。

几年后，一只虎头蜂（见第 10 页）在我们房间中的电视机后面筑了巢。那时我十几岁，子承父业，开始进行自然摄影。我意识到这正是我练习拍摄高速飞行的昆虫的好机会。电视机和墙之间的缝隙狭窄，虎头蜂一直在同一条路线上飞进飞出。我把相机预先调好焦，对准这条路线，然后用光敏电池触发快门拍照，整个过程不要太简单。我用的是德国无敌霸的 IIIB 闪光灯打光，50 年代的这玩意儿，亮得能闪晕一头牛。虽然快门速度是 1/50000 秒，但相比蜂类的闪翅速度还是有点儿慢。

现在我也有自己的儿子了。我很想向他灌输我父母教给我的道理，要对大自然保持敬意。不过他现在的兴趣主要集中在射箭和制作刀具上。一根树枝在他手里都能是个致命武器。我现在还不打算像驯养野生动物那样限制他天马行空的想象力，但我们一直教他如何照顾每一种生物，随着时间的推移，相信他也一定会爱上这世间所有的生命。

现在回头看自己的童年，我对自然的尊重似乎来得自然而然。大多数的周末，我会带着家里的狗罗宾出去散步或去骑马，马的名字是凯西。出于说不清的原因，我一回忆是跟谁一同出去玩儿的话，脑子里就会冒出罗宾热切的面孔，画面里满满的都是它的大鼻子。如果凯西也想被收入我回忆的画面里的话，它就不应该踢我！

我们一般沿着莫吉吉州立公园的森林走好几里路。浸在森林里的感觉刺激我的大脑神经元，形成了无数有关自然的连接。结果就是，我眼角一瞥就能确定是佛法僧飞过，知道地上长的草茎是什么味道，能根据森林气味的变化预测阵雨到来的时间。最近，一场山火过后，我到库洛拉山附近随便走走，本能地避开了一棵倒下的树，这靠的就是我脑子里 40 年来积累的影像和我的直觉。

说实话，我花那么多时间在林子里，是因为实在没啥别的事情要做。20 世纪 70 年代的电视节目实在没什么意思。我们住得离森林比较近，离购物中心比较远，所以森林就成了我消磨时光的地方。如今，我的儿子就有很多别的可玩的东西，种类恐怕比我在他这个年龄能想到的还多。这使他很难接触大自然，而让他走进荒野似乎看起来要更难。

当然咯，你总能读到这样一些家庭故事，做父母的把孩子从学校拖出来，塞到面包车里，一起去澳大利亚各地旅行，孩子一整年时间都没看过电视。他们在电视采访上讲，他们无聊的时候玩桌游。他们觉得好就好！但对我家来说，还是不用了，谢谢！泡在国家公园里长大固然不错，但也还有其他一些不那么影响正常生活的方式来接触荒野。

我的小女儿娜奥米喜欢飞蛾。她无论在哪儿见到了飞蛾都要指出来。我会把家里人带到基尔基文进行"耐力杯"家族自行车比赛。奖杯是家族里传下来的，以我母亲的名字命名。我们都等着比赛中激动人心的那一刻，娜奥米则一直在我们身旁的地上捉飞蛾。她在 10 分钟之内就发现了 17 种，有不少还很有可能是新种。它们的形状和大小各式各样，令人惊讶。谁能想到生物多样性离我们如此之近，一个乡村小镇里的景色足以让人感觉美不胜收？我的手掌上沾满了各种飞蛾翅膀上的鳞粉，待会儿那个自行车赛冠军跟我握手，会是他一生中最干燥、最"粉尘仆仆"的体验了！

我深情地讲述这个故事是要你明白，只要你张开怀抱，荒野自会到来。藏在相框后的飞蛾或黄蜂，窗台上的鸟，它们都在敲打着我们紧闭的窗户，想要挤进我们的心。

拉乌尔·斯莱特

红颈袋鼠（*Thylogale thetis*）。

我的早年时光是在阿德莱德的一个新建郊区度过的，那里地面平坦，空气干燥、多尘，除了令人讨厌的南方三棘果杂草，一棵树也没有。学校怎么样呢？那里有平坦的沥青路和数百名学生。7 岁时，我们家搬到了阿德莱德山区。我很喜欢那里，那里连绵起伏的草甸山坡上散布着绵羊、天然灌木丛和野生动物。我们四处寻找，还真在附近的采石场里找到了不少化石。学校很小，有 3 名老师和 69 名学生。10 岁那年，我们搬到了布里斯班郊区。再后来，我的父母买了一小片雨林。如今我在此绘画，周围的景色和声音都激发着我的灵感。当我还是个孩子的时候，我是一名空想家。我想象自己见到了龙，见到了鸟，见到了云中的各种动物。我会为飘浮在阳光下的尘土着迷。晚上出行时，我想知道月亮是如何跟上我们的。绘画是我从当时至今都喜欢做的事儿。我是个非常重视视觉体验的人，绘画是我了解和学习周围荒野的方式，我试图用绘画去捕捉它的美丽。我有一个根深蒂固的信念：一图胜千言。直到今天，插图书对我来说都意义非凡。看书时，我永远都是先看图，仔细研究了图片之后，再看文字。为一个事物找一个恰当的形容词汇，过程实在太艰辛了。

我的父亲是个闲不下来的人，他最先是玩蛇，然后是鱼、鸟、兰花，他还会用种子繁殖罕见的白色山毛榉树（种子是我们自己家林子里的一棵老树结的）。有一次，一群本土蜜蜂在他装种子的盒里筑了蜂窝，一整盒种子就这样没了。家里共 4 个姐妹，作为长女，我总是那个给爸爸打下手的人。我一开始是负责抱钓鱼用的虫饵盒，后来长大了一点儿（8 岁），有力气了，我就四处去捡石头来筑石墙。一家的周末时光不是在给繁殖期的蓝脸鹦雀（*Erythrura trichroa*）找食，（得找白蚁丘或者鲜草籽），就是在石塘里捉虾，来喂家里超大盐水水族箱里的色彩斑斓的异国鱼和海葵。爸爸车开得很快，连转弯的时候都很快。这时，我负责抱着快装满了水的水桶（没盖子），还得保证没有水洒出

里士满鸟翼凤蝶（*Ornithoptera richmondia*）。

来把车弄湿。

高中毕业后，我到澳大利亚昆士兰艺术学院学习美术。爸爸让我别浪费时间，对我说："学艺术没工作的！"我果然不适合"艺术"世界——我的现实主义风格颇不被看好。我悄悄地变成了叛逆少年，第一学期还很乖，第二学期就素描课和色彩课都不及格。如今，我的作品以"鸟类艺术"之名在美国威斯康星州利·约基·伍德森艺术博物馆展出。大学的第一个假期，我去了昆士兰博物馆艺术部当志愿者。因为小时候曾去拜访一个在悉尼博物馆艺术部工作的叔叔，我对用画笔再造现实着了迷。

15

澳洲鹈鹕（*Pelecanus conspicillatus*）。

19 岁时，这份当志愿者的工作经历给了我一个就业机会：博物馆实习艺术家。这意味着我还得继续攻读我的艺术文凭。4 年后，我获得了一张对我来说没有什么用的纸。这张纸对我在博物馆的工作也毫无用处。我特别热爱我在博物馆的工作——为哺乳动物、鱼和爬行动物绘制展示画，准备信息板，为书、论文或者海报画插画，画的东西从老爷车、昆虫到鲸鱼咽喉的解剖图，应有尽有。科学插图必须准确，所以我每一步都量着尺寸画，上色时都要比一下。做着这份全职工作时，我在家里也继续画画。1983 年，在昆士兰野生动物园举办的一个艺术家协会画展上，我找到了与我一样喜好笔绘自然的人们。第二年，我办了画展，第一次售出了两幅画。

在博物馆工作 15 年后，我希望把更多的时间花在自己的创作上，所以我做了个决定，转职成为自由职业者，在自然的环境里为鸟类和动物画画，试图捕捉光线、颜色和空气营造的氛围。我也接壁画设计和创作的单，其中有一幅名为《穿越时间的雨林》的画，长 34 米，高 2.5 米，展示了从恐龙时代到现在的雨林演化过程。

2006 年，在帕特·斯莱特去世几年后，我和彼得成了朋友，我们一起工作和旅行，我们都与自然界心心相印，特别是沙漠。我本来一直把相机视作工具，只是用它来收集信息，后来跟着彼得耳濡目染，开始学着把照片本身视作一件完整的艺术品。我现在也会尝试进行更仔细的曝光和构图。看到野生动物放松地接受我们、在我们周围自由生活，这场景尤其令人满意和心动。

自然世界的主题将永远是我作品的一大特色。大自然如此丰富多彩，生命、光线、色彩、质地、性格、氛围皆在其中，因此我从不缺乏灵感。

萨莉·埃尔默

华丽优雅的野生鸟类

澳大利亚塔斯马尼亚岛的银鸥。

现在，这种事可能不会发生在一个 8 岁孩子的身上：1941 年，妈妈把我送上开往曼吉马普的火车，让我自己一个人前往班伯里，与爱丽丝姨妈待上一周。我得在皮克顿换乘，否则就会迷失在卡尔古利或黑德兰港或什么别的更糟糕的地方。不出所料我真的走丢了，还好一位善良的女士带我走了一段路，还给我买了一杯茶和一个肉馅饼。爱丽丝姨妈看到我的时候一点儿也不惊讶，哪怕我脸上糊满了血似的番茄酱，手提箱被撞得跟与谁打了一架似的。每天早上，她都给我一个里面装着橙汁、火腿三明治和鱼排的小野餐篮。我就挎着小篮子去附近的一个小牧场（现在可能都已经变成华丽的房屋了吧）闲逛，然后坐在那里的一棵巨大橡胶树下的一个树桩上休息。在我的想象中，我在与侵略者搏斗，勇敢地捍卫我们的城堡。有只再漂亮不过的鸟儿，就落在我头顶的一根树枝上，嘴里叼着蜻蜓或黄蜂，然后把它们摔在树枝上，弄出许多声响，再飞向地面，消失不见，又再出现，再飞走。我那时都没想到过，原来它是在给地上沙洞里的幼雏喂食。我把这件事回去讲给爱丽丝姨妈听，她说这只鸟肯定是翠鸟。后来我回到家，在图书馆翻了那本《那是只什么鸟？》，才发现那只鸟原来是彩虹蜂虎（*Merops ornatus*）。书中的这些图再现了当时那令我印象深刻的场景，也让我回想起爱丽丝姨妈。姨妈在自己百岁生日后的两周去世了，很遗憾，她错过了临终前一直在等的东西——英国女王写来的一封信。

20 世纪 40 年代，我拍摄了自己的第一张鸟类照片。当时的拍摄设备不怎么发达，想要拍张好照片，镜头得近到几乎贴在鸟窝上。英国的基尔顿兄弟设计了隐

21

蔽屋，使摄影师既能够近距离拍摄，又不会影响鸟类的日常活动。隐蔽屋的妙处是，它们能很自然地出现在鸟类的日常生活中，而且人类还能在里面待好几天。鸟儿们会将隐蔽屋视作环境的一部分。1964 年，我们在西澳大利亚州伍丹尼灵拍到了蜂虎。我和雷·加斯顿一开始藏在离它大约 50 米远处，然后逐渐靠近，这一过程用了一个多星期。每次挪近一点儿，我们都要检查鸟儿返巢时有没有犹豫，这是能否成功的关键。我坐在隐藏的相机后做准备，雷陪我等了一两分钟就走开了。这样在附近的蜂虎会以为人已经走了。雷也得在指定的时刻返回来替换我，这样鸟儿们就不会发现有人在隐蔽屋里。

如今，相机和镜头已经发展得相当先进了，不用离那么近也可以拍到好照片，自然也就没有在鸟巢附近拍照的必要了。彩虹蜂虎的图片（右图）是用数码相机拍摄的，相机与鸟的距离约 10 米，拍照的人用个长焦镜头就够了。鸟类纪实摄影的关键是鸟儿回巢时，拍摄者必须一动不动——绝对静止，并且保持耐心，关注和猜测鸟儿此时的想法。

我刚开始拍照的时候，大多数鸟类摄影师还在使用黑白相机。我的老师约翰·沃勒姆就坚持认为彩色摄影永远不会取代黑白摄影。所以，在 1964 年左右，我拍摄笑翠鸟的时候，就拍摄了彩色和黑白两类照片。第 24 页中的这张照片原本是彩色的，但有点儿偏色，我又想留住它抓捕蜥蜴这个精彩时刻，所以用软件将照片黑白化了。用软件可比在一个气味诡异的暗室里乱搞容易多了。第 25 页照片中的是同一种笑翠鸟，

雷·加斯顿在伍丹尼灵找到一个鸟窝，并用黑白胶卷将它拍下来了。笑翠鸟在 19 世纪 90 年代被引入西澳大利亚州，随后朝着西南方向传播开来。我拍这些照片的时候，这窝里的成鸟正给幼鸟喂食，食物有蜥蜴、蚱蜢、蜈蚣和两条棕色的蛇。

20 世纪 50 年代，我加入了古尔德鸟类爱好者协会。协会里的年轻成员在文章里总把"白眉翡翠（*Todiramphus sanctus*，也叫神圣翠鸟）"写成"胆小翠

鸟"，我觉得很好笑。我觉得那种美丽的鸟儿大概既神圣又胆小吧。后来，我们试着拍过几次这种鸟，发现它特别配合，一点儿也不胆小。在西澳大利亚州，这种鸟最常在树洞里筑巢。用这种树洞来做拍摄照片时的背景，可比背景中是澳大利亚东部随处可见的白蚁丘好看多了。雷·加斯顿在伍丹尼灵找到了一个拍摄点，在那里拍了好多年。我在那里拍了两季，想拍出几张这种鸟漂亮的飞行照片，最后有一张被选中作为《澳大利亚鸟类野外识别手册》第一卷的封面（左图）。

一些人说，神圣翠鸟不是澳大利亚的特有种，而致力于描述本土物种的书应该用澳大利亚的特有种做封面，这样才够凸显澳大利亚的特色。他们还说，书中描写澳大利亚本土物种鸸鹋（Dromaius novaehollandiae）的篇幅，远远少于过境鸟类普通燕鸥（Sterna hirundo）。这些人也许没有意识到，这是一本野外识别手册，是用来帮助人们在野外识别鸟的，而不是一本澳大利亚本土物种手册。实际生活中，很少有人认不出鸸鹋，但很容易将普通燕鸥跟其他许多种燕鸥混淆，所以描写普通燕鸥的篇幅当然需要更多。

第一年，我拍摄雷找到的鸟窝的时候，是在大雨过后，鸟儿们带回来的食物大都是青蛙。次年，天气较干燥，猎物就变了，有蜥蜴、飞蛾、蚱蜢、蜻蜓、蝉和蜘蛛，等等。

　　正常来说，谁会给白尾仙翡翠（*Tanysiptera sylvia*）拍黑白照片，而不拍彩色照片呢？好吧，因为我的其他彩色照片出镜率很高，所以在这里使用尚未发表的用宝丽来拍摄的黑片照片。上图这张是我拍来检查鸟儿是否行为异常的。

1967 年，我们离开西澳大利亚去往昆士兰州北部的因尼斯费尔，拍下的第一只鸟是当时著名的白尾仙翡翠。想去拍摄这种鸟，其实是我们离开西部的原因。住在因尼斯费尔的比利·吉尔曾在澳大利亚皇家鸟类学会期刊《鹋鹋》上写过这种鸟的故事。我觉得它可能是最美丽的鸟，所以想来碰碰运气。比利热心地带我们看了一个筑在地面白蚁丘上的鸟巢，我们花了一个星期的时间，将虫子放到恰当的位置诱拍。

当我们离开干旱的西部时，我有两个因素没有考虑进去，因尼斯费尔降雨的频率和湿度。这里大部分时间都在下雨，即使不下雨的时候，空气湿度也很高。水珠会蒙在相机上、闪光灯上和我的眼镜片上。翠鸟的表现令人钦佩，它们每隔 20 分钟准时返回窝中，我们的设备却无法正常使用。闪光灯开几秒就会短路，还发出步枪射击时一样的脆响和一股熏天的烧焦味儿。我勉强拍了几张，心怀侥幸地希望每次闪光灯都能被触发。记得洛伊·卡鲁思在西澳大利亚修理闪光灯的时候，他用一把螺丝刀使闪光灯短路，一阵浓烟滚过，刀头不见了，螺丝刀只剩下他握着的绝缘手柄。他脸上现出吓坏了的表情，转过身来对着我说："别用这个闪光灯了。"不管怎样，我还是得到了一些可用的照片。比尔·伊斯门用了其中最好的几张照片为他写的关于笑翠鸟和翠鸟的书作封面。

为了避免被闪电击中，我从隐蔽屋里观察翠鸟，并用可以在水下书写的笔，设法将观察到的画下来。它们常吃的食物是一种大型昆虫，跟新西兰巨沙螽（*Deinacrida* spp.）类似，这种昆虫被称为白膝巨蟀（*Penalva flavocalceata*）。其他的食物有蜘蛛、蠕虫和蜈蚣。从隐蔽屋背面的一个洞看出去，我看到一只正在捕捉蜗牛的翠鸟。每只蜗牛都被它摔在一块圆木上，摔了一次又一次，直到摔碎蜗牛壳。每只蜗牛都被当场吃掉了，我一次也没看到蜗牛被喂了雏鸟。

这是我画的许多幅中的一幅。

我们搬进了昆士兰州北部因尼斯费尔附近的一个新家，在卧室窗户外牵了一根铁丝绳。没几天，一只黄腹花蜜鸟（*Cinnyris jugularis*）雌鸟就开始在铁丝上筑巢。这只勤奋的精灵辛勤工作了 5 个月，建出的巢长度超过一米，用的材料是从屋檐和屋内采集来的蜘蛛网。筑好巢后，它挖了一个大约占巢空间一半的巢室（右图）。随后，我们第一次看到雄鸟来到巢里。很快，就有了两个蛋。当小鸟长大到差不多快要离巢的时候，一只黑钟鹊（*Cracticus quoyi*）飞来将它们叼走了。我们猜，这只黑钟鹊是不是一直看着呢，等到雏鸟长到能成为一顿大餐的时候它才进行突袭。之后，鸟妈妈立即开始在一个更隐蔽的位置筑另一个巢。如果我没记错的话，它用了 8 天就筑好了巢。我们的老朋友莫科姆斯、艾琳和迈克尔，从西澳大利亚来我们家玩，他们在新的鸟巢旁架起了相机。后来，他们的许多书中都用到了这些可爱的照片。

　　我们在 1969 年搬到昆士兰州布里斯班后，拍摄的
第一批鸟类中就有林翡翠（ *Todiramphus macleayii* ）。这
种鸟将巢筑在一个树上的白蚁丘上。巢中有 5 只雏鸟，
主要是老雌鸟在（对页图和上图）喂食

　　在热带雨林中，找一片从茂密树冠间漏下的阳光，如果你足够幸运，并且等了足够长的时间，棕额扇尾鹟（*Rhipidura rufifrons*）就有可能来到你的"聚光灯"下跳舞。无论是在倒下的枯木上，还是在地面上，每次棕额扇尾鹟表演完追逐昆虫的"杂技"之后，都会回到这片阳光下，这是它们最喜欢的地方。有时候，它们追捕的昆虫非常小，你都会想，这么费力地捉这么小的虫子值得吗？澳大利亚东部有许多棕额扇尾鹟，它们每年向北方迁徙。每个秋季里都会有几只前往新几内亚的棕额扇尾鹟临时到我们的院子里歇脚，然后继续它们的长途旅行。它们高亢的叫声，甚至比最常见的灰扇尾鹟（*Rhipidura albiscapa*）的叫声还要尖。

每当聊起噪刺莺（Gerygone spp.）的时候，我都觉得自己像是个骄傲的母亲。就像 gynecologist（中文译为"妇科医生"）这个词的首字母发 G 音，而不是 J 音。噪刺莺的名字我至少听过 6 种不同的读法。最初，我以为这些小鸟被称为"捕蝇鸟"，后来才发现它们原来叫作"莺"。这名字并不怎么恰当，因为虽然它们的长相和行为都像莺，但其实跟莺毫无关系。俗名"噪刺莺"，大概的意思是"甜蜜的歌手"。这种白喉噪刺莺（Gerygone olivacea）的叫声十分轻快，比西噪刺莺（Gerygone fusca）少了一丝忧郁。1960 年，我们搬到德比生活时，一对白喉刺嘴莺住在了我们后院，它们还生了小宝宝。它们性格温顺，我们拍摄起来毫无难度（右图）。对页这张照片是在 1969 年我们搬到昆士兰州的安斯特德之后拍的。那时，它们常出现在我们家后院。但从 1990 年开始，我们就再也没见到过它们了。有一天下午，我们在家附近找到了一个鸟巢，就远远观望着，看到了一对鸟爸爸和鸟妈妈正在喂雏鸟，它们附近还有只小金鹃（Chrysococcyx basalis）。我们也没在意，回家拿了一些材料，想搭一个隐蔽屋。结果回来的时候，我们发现鸟妈妈正在四处乱飞，雏鸟摔在地上，应该是小金鹃把它们从巢中拽了出来。噪刺莺重搭了个鸟窝，这次拉乌尔抓住机会拍到了照片（对页图）。

黄端斑啄果鸟（Pardalotus striatus）全身有多种不同的羽色。对页图中的是一只黑头雄鸟，它正在昆士兰

州马莱尼附近的萨利花园里挖隧道——用来筑巢。它的喙尖和爪子上还沾着洞穴的土壤，这是故意炫耀给附近的两只雌鸟看的。我们后来还在鸟巢中看到了另外3只。上图是我们在南澳大利亚州油桉树林里拍到的雄鸟。右图中的这只鸟特别信任人类，它正坐在萨莉的相机上。它当时没有在筑巢，似乎只是对我们好奇。我们当时正站着看另一只鸟，这只大胆的黄端斑啄果鸟几次朝我们飞过来，有一次甚至落在了萨莉的手指上。这种经历很值得回味。

常见的黄鸲鹟（*Eopsaltria australis*）很好认。淡黄歌鸲鹟（*Tregellasia capito*）一样好认，但仅栖息于热带雨林中，不容易遇到。按照我们的经验，它们的

领地面积较大，可能出现在任何生境中，但每平方千米中它们的密度则较小。它们的喙比黄鸲鹟更宽，说明两者捕食不同的无脊椎动物，这样这两个相似的物种才不至于竞争得太过激烈。上图中的淡黄歌鸲鹟正在幽暗的森林中享受着阳光，它下巴上的橙色斑点是阳光照射在喙的下颌造成的。许多毫无亲缘关系的鸟类都喜欢采用像上图中这种奇怪的姿势蹲着。这姿势可能来自它们的祖先——恐龙。我们挺喜欢这样一幅画面：坐在树枝上的始祖鸟，头朝后，喙张开，羽毛蓬松，在侏罗纪寒冷的早晨享受阳光。真是一幅著名的化石图！左图是与前者亲缘相近的白脸歌鸲鹟（*Tregellasia leucops*），我们在约克角半岛的北部找到了一个这种鸟的窝。

　　在外科医生约翰·怀特于 1790 年出版的《新南威尔士之旅》里，多产的艺术家萨拉·斯通绘制了许多鸟类的插图，黄翅澳蜜鸟（*Phylidonyris novaehollandiae*）是其中之一。这也是当地最早被科学命名的鸟类之一。它在澳大利亚南部的荒野中很常见，取食各种各样的花蜜和昆虫。西部的黄翅澳蜜鸟的喙更长，可能是受到了栖息地中不同种类的斑克木（又名佛塔树）的影响。

　　我们觉得刺颊垂蜜鸟（*Acanthagenys rufogularis*）是一种沙漠鸟类，因为我们在内陆沙漠旅行时经常看到它们，也常能远远听到它们的叫声。我们也在靠近海洋的荒野里见到过它们。很显然，它们适应环境的能力很强。它们往往天性好奇。一次，有一只唱着"小夜曲"就落在我们附近（对页图）。像大多数蜜鸟一样，它们的行为颇具侵略性，经常追逐和争吵。它们常从花瓣呈长舌结构的花朵中找蜜吃。它们也吃无脊椎动物，我曾在卡尔古利附近看见一只刺颊垂蜜鸟在抓小龙蜥蜴吃。

我们搬家到昆士兰州安斯特德后，发现后院有灰冠弯嘴鹛（*Pomatostomus temporalis*）和灰短嘴澳鸦（*Struthidea cinerea*）。灰短嘴澳鸦如今仍在，但弯嘴鹛已经不在了。多年来，这种吵闹的鸟儿们数量慢慢减少，直到剩下最后一只。它孤独地生活了几年，最终也消失不见了。鸟类的数量不断减少，相似的情况在澳大利亚东南部各地重现。灰冠弯嘴鹛一般在地面上觅食，常从垃圾里找吃的，很容易被猫捕杀，也容易受到清洁车的影响。它们在南澳大利亚已灭绝，在维多利亚州濒临灭绝，在新南威尔士州也是脆弱物种。似乎鸟类数量减少的这一趋势正在慢慢向北移动。当我们住在西澳大利亚州德比时，一群红胸的灰冠弯嘴鹛在我们家后门附近筑了个巢。因为外表的红胸，我们曾以为这是另一个与灰冠弯嘴鹛不相关的物种。那时，每天晚上都有 6 只鸟出现，它们吵闹着进鸟巢睡觉。这个亚种的生存状况似乎

未受到什么威胁，不像东南部那些白胸的亚种，数量一直在下降。在卡奔塔利亚湾流域，这两个亚种有一个狭窄的杂交区域，因此红胸灰冠弯嘴鹛（上图）很可能会被划为一个完整的单独物种出现在澳大利亚鸟类列表上。

　　蒙蒂·施拉德尔向我介绍过栗胸鹑鸫（*Cinclosoma castaneothorax*）。它们生活在石质山丘上的洋槐林和小相思树林中。当时，大多数人觉得它们是桂红鹑鸫（*Cinclosoma cinnamomeum*）的一个变种，但蒙蒂确信它们是一个单独的物种，因为它们羽毛的颜色、图案和叫声

与桂红鹑鸫都不一样，蛋也很不一样。后来证明，蒙蒂是对的。现在，每当我们路过长着小相思树的石质小山时，就会停下来看一看，想着蒙蒂说过的话。上图中的这只鸟在昆士兰州奎尔皮附近露了个面。

栗胸鹑鸫的主要栖息地是桉树林。它们大部分时间待在地面上，偶尔也会在树上闲逛。上图这张照片里的雄鸟唱起歌来铿锵有力，我们在数百米之外就能听到。这是一只东部的亚种。弗林德斯山脉西部有与它长得几乎一模一样的鸟，但它是另外一个物种——铜背鹑鸫（*Cinclosoma*

clarum）。两种鸟都在地上筑巢，通常藏于落在地上的树枝下。

栗胸鹑鸫和铜背鹑鸫居住的地方常有栗腰薮鸲（*Drymodes brunneopygia*）。它也住在桉树林里，但一般更喜欢茂密的灌木丛。和前面的两种鸟儿一样，它也是"地面鸟"，以昆虫和其他无脊椎动物为食。它通常隐藏得很好，但对我们来说，幸运的是它很好奇，这样就不那么难拍摄了。我们发现，尽管一走到它附近，往往它就会大声叫起来，但这时候，你只要站住不动，并且站得够久，它最终肯定会自己突然出现，跑来看看我们在做什么。在繁殖季早期，雄鸟通过占地来圈定自己的领土。它们的巢也

在地面上，鸟巢四周被木棍以辐射状环绕着。

澳大利亚最早被命名的鸟类之一是华丽细尾鹩莺（*Malurus cyaneus*，上图）。它首先被发现于塔斯马尼亚州的冒险湾。詹姆斯·库克船长第三次前往澳大利亚时，随船医生兼博物学家威廉·安德森采集到了它的第一个标本。威廉·韦布·埃利斯是这次航行随船的一名艺术家，他为它画了幅图。安德森不幸在返航途中去世了。埃利斯发表了一份关于探险队的报告，并在其中将这种鸟命名为天蓝鹡鸰（*Motacilla azurea*）。如今，它的学名是天蓝细尾鹩莺（*Malurus azurea*）。最后一个被命名的物种是棕草鹩莺（*Amytornis rowleyi*，对页图）。它于1973年在昆士兰州奥帕尔顿的三齿稃草原被发现。起初人们以为它是纹草鹩莺（*Amytornis striatus*）的亚种，但在2013年，根据其解剖结构、分布范围、栖息地和DNA的研究结果，它被升级为一个独立的物种。在专业的观鸟者中，神出鬼没、难以捉摸的草鹩莺可能是最受欢迎的澳大利亚鸟类。

　　黑眼燕鵙（*Artamus personatus*）常成群出现，且常和白眉燕鵙（*Artamus superciliosus*）待在一起。因为羽毛上布满粉尘，它们看起来十分温和。到我写这本书的时候，我们尚没有遇到过翅膀羽毛上也有这种粉尘的任何其他雀形目的鸟类。燕鵙是雀形目里唯一有翱翔习惯的小型鸟类，它们有时会飞得很高，肉眼在天空中几乎看不见。它们的鸟巢通常离地 2 米以内，从外面看起来就像旧篱笆中藏着个小鸟巢。

　　它们大多吃昆虫，在空中捉着吃，也落在地面上捉着吃。它们的舌尖上有像蜜蜂一样的刷子般的结构，用来从花中获取花蜜，特别是从沙漠采木（*Haematoxylum campechianum*）中。我们经常看到一棵开满鲜花的采木上落着数百只燕鵙。它们也喜欢喜沙木（*Eremophila* spp.）和银桦（*Grevillea* spp.）。

一只缎蓝园丁鸟（*Ptilonorhynchus violaceus*）雄鸟正在筑巢吸引配偶。雄鸟一边用蓝色的东西装饰鸟巢，一边炫耀，想要吸引雌鸟来和它交配（上图）。不过有时候，我们也会在鸟巢外看到求偶行为——发育成熟或者未成熟的雄鸟会向雌性献上鲜花。未成熟的雄鸟与雌鸟（左图）长得非常相似，雄性直到大约7岁才会长出象征成熟的羽毛（对页图）。左图中的雄亚成鸟正在殷勤地向配偶献上黄水仙花，花是从萨莉的花园里偷来的。她也见过它们送橘子花。我都怀疑这照片是在情人节拍的。

斑噪钟鹊（Strepera graculina）长着黑色的羽毛和明亮的黄眼睛，看起来令人毛骨悚然。但它大提琴般的叫声很可爱，我好些年来都很喜欢它们。有一部纪录片中曾讲过，悉尼郊区的噪钟鹊如何捕捉小型雀形目的雏鸟。一位研究员在人工巢中用橡皮泥蛋来记录捕食率，从橡皮泥上留下的痕迹，就能看出是什么动物偷吃了鸟蛋。在一些区域，91%的巢里的蛋都被偷过了。噪钟鹊正是罪魁祸首。如果把研究区域里的噪钟鹊都捉起来或者赶出去，鸟蛋捕食率就会急剧下降。你可以怀疑说，这也不能说明噪钟鹊就能直接影响小型雀形目的数量。那你也可以猜一猜，黑白扇尾鹟（Rhipidura leucophrys）和尖嘴吸蜜鸟（Acanthorhynchus spp.）都消失去哪儿了。你也可以设想，雀形目天生就应当有90%的雏鸟死亡率。除了雏鸟数量减少和噪钟鹊数量增加的现象之外，没有人可以证明这两件事之间有必然的因果关系。

然而，仅仅是这点儿间接的"证据"，都足以唤来警车逮捕这些"暴徒"了。我个人对噪钟鹊的看法随着那部纪录片瞬间改变了。我实在忍不住用人类的道德标准来审判它们，不再喜欢它们了。它们怎么能吃那些可爱的雏鸟！但这种指责是完全不合逻辑的，原因有两个。第一，噪钟鹊只是做了它们天生该做的事情——尽一切所能来收集动物蛋白质。第二，高捕食率是噪钟鹊数量增加带来的，而它们数量的增加是人类在院子里挂喂鸟器导致的。要知道，正是因为人类的投喂，噪钟鹊才停止了迁徙——不再在小型雀形目筑巢期间迁出悉尼。

　　观鸟者可分为两类，一类可以分辨任何一只正在飞行或栖息的乌鸦和渡鸦，另一类则以为自己可以。塔斯马尼亚人是例外，因为在他们生活的地方只有一种鸦类——林渡鸦（*Corvus tasmanicus*）。澳大利亚内陆的 5 种鸦类看起来大致相同，但大小不一，头顶羽毛各异，地理分布和叫声也有不同。

　　每种鸦都各有几种不同的叫声，其中有些相同或相似，特别是未成年的小鸦发出的叫声。不管怎么说，现场识别种类最可靠的方法一般是辨认声音。澳洲渡鸦（*Corvus coronoides*）的尖声号叫最具特色。从音乐方面来看，林渡鸦好比贝斯，小渡鸦（*Corvus mellori*）和小嘴鸦（*Corvus bennetti*）好比男中音，澳洲鸦（*Corvus orru*）好比男高音，澳洲渡鸦好比女低音。上图中的这只鸦当时没有发出声音，因此我们也说不好它到底是哪种。对页图中的鸦正在死去的袋鼠上空盘旋，考虑着是否应当勇敢地靠近下面的楔尾雕（*Aquila audax*）。在城市环境中，鸦类相当温顺，但在野外它们一般过分胆小。它们在喝水时最谨慎，所以能拍到一张在水边的野生鸦的照片也算是一种小小的成就吧。

　　在澳大利亚北部，雉鸦鹃（*Centropus phasianinus*）雄鸟会承担大部分家务，包括筑巢、孵化和喂养雏鸟。雌鸟的觅食范围比雄鸟大许多，还可能有不止一个配偶。虽然不知道东部的鸟儿们是不是也是这种情况，但最有可能也是。这些照片（上图和对页图）中的鸟是生活在我们后院里的一只东部鸟。它的眼睛是红色的，看起来挺吓人的。北部的同种鸟，眼睛常是苍白的，神情与这种有微妙的不同。这种突变表明，它们可能是不同的物种。雉鸦鹃与杜鹃有亲缘关系，爪上有两个脚趾向前，两个向后。在这些照片里我们勉强能看清楚，它们两个朝后脚趾中内侧的脚趾上连着一个非常细长的爪。

冠鸠（*Ocyphaps lophotes*）是澳大利亚少数数量
正在增加的鸟类之一。这张照片（对页图）是萨莉在
北领地的魔鬼大理岩保护区（又称魔鬼大理石保护区）
拍的。在当地，冠鸠很常见。在图中，我们勉强能看
见第三飞羽薄薄的"哨尖"结构。《澳大利亚鸟类行动
计划》中提到，冠翎岩鸠（*Geophaps plumifera*，上图）
的数量正在减少，但我们倒是很常看到。我们每年去
沙漠的很多地方旅行，都没觉得它们的数量在减少。
这只白腹亚种拍摄于昆士兰州温顿附近，这个地方是
我们见过的这种鸟类分布地区的最东缘。

　　虽然同为鸠鸽科，但这两种鸽的栖息地完全不一样：巨果鸠（*Ptilinopus magnificus*，对页图）的栖息地是雨林；冠翎岩鸠的栖息地是沙漠（上图）。它们都很漂亮，各自羽毛的颜色正好拟态了各自生活的环境色。

　　我有两个朋友，他们都对鸟类有兴趣并拍摄了这几张照片（上图和对页图）。约翰尼·埃斯伯格斯是1963年我在西澳大利亚卡坦宁小学教书时的一名学生。同一时期，我遇到了住在伍丹尼灵附近的雷·加斯顿，我们一直有联络。澳北玫瑰鹦鹉（*Platycercus venustus*）是一种精致的鸟儿。上图这张照片是约翰尼在达尔文拍的，他在那儿生活了很多年。雷很幸运，他住在西澳大利亚西南部，因为红帽鹦鹉（*Purpureicephalus*

spurius，对页图）的种群在那儿相当繁盛，是该州的特色之一。

　　我们觉得红帽鹦鹉身上的配色：绿色和紫色撞色，再加上红色点缀，这在鸟类世界中是独一无二的华丽。它们细长的喙特别适合啄开美叶桉的种子。美叶桉也是一种西南部特有的树种（但现在在澳大利亚各地的花园中，也常栽种它们的园艺品种或杂交品种）。遗憾的是，鹦鹉还没有随之扩大分布范围。

　　西澳大利亚西南部有 3 种黑凤头鹦鹉。其中的红尾黑凤头鹦鹉（*Calyptorhynchus banksii*）被列为易危物种；长嘴黑凤头鹦鹉（*Calyptorhynchus baudinii*，对页图）和短嘴黑凤头鹦鹉（*Calyptorhynchus latirostris*）则被列为濒危物种。它们衰落的原因之一是，到处都找不到能筑巢的树洞。还有一个问题是，就算偶尔发现树洞，也常会被蜜蜂占了。红尾黑凤头鹦鹉吃种子和蛴螬。雷·加斯顿镜头前的这只（第 72 页）就正在一棵刚死不久的红柳桉树上挖蛴螬吃。蛴螬这种虫子个头很大，是蛾类的幼虫，嚼起来非常多汁，不仅黑凤头鹦鹉爱吃，当地居民也很爱吃。

　　20 世纪 60 年代，西澳大利亚博物俱乐部总是在珀斯市政厅举办一年一度的野生动物展览。我们都觉得这个为期一周的活动是这座城市每年各种文娱活动中的巅峰。通常，这个活动每年着重展出某一类特定的生物并为之配上说明。每年的主题都不同。有一年的特定生物刚好是蛴螬。每年展览结束后，我们晚上都会到一家咖啡馆聚会。这次刚好我朋友埃里克口袋里装了些展览剩下来的蛴螬。与东南部的黑凤头鹦鹉不同，小葵花凤头鹦鹉（*Calyptorhynchus funereus*，左图）在人类环境里生活得超好，它们在各种牧场觅食。就拿我们家后院来说，它们都能抢在我们之前，吃光院子里还没熟的桃子、橘子和夏威夷果。

　　小隼雕（*Hieraaetus morphnoides*）在澳大利亚各地广布，至少有两种色型：一种浅色，像这上图里的一样；还有一种深色；再有一些可能是介于两者之间的罕见色型。浅色种更常见，它们似乎比深色种更具遗传优势。小隼雕的雌鸟比雄鸟的个头大得多。有一种与它们类似的物种——侏隼雕（*Hieraaetus weiskei*），主要分布在新几内亚，也有时候通过塞巴伊群岛和博伊古群岛进入澳大利亚领土。它们的个头非常小，雌鸟跟雄鸟大小差不多。还有一种鹰跟小隼雕有亲缘

关系——哈斯特鹰（*Harpagornis moorei*），曾分布在新西兰，现已灭绝。哈斯特鹰可能是所有鹰中个头最大的。令人惊讶的是，哈斯特鹰的近亲——小隼雕和侏隼雕，它们的个头则是雕中最小的。小隼雕特别擅长捕猎，能捕捉兔子、羊驼、鹦鹉、乌鸦和像树燕（*Hirundo nigricans*）这样的小型鸟类。

要是鸟类举行选美比赛，黑胸钩嘴鸢（*Hamirostra melanosternon*）的排名可能会接近垫底。它身形笨拙，长着长长的、钩状的喙。

　　对观鸟者来说，褐隼（*Falco berigora*）没什么看头，它勉强算是一种猛禽，捕食蜥蜴和蚱蜢。机缘巧合的话，它也能表演一场迅猛的捕食行为秀。对页图中的褐隼刚在辛普森沙漠成功捕获一只飞得很快的鸽子，吃掉了。褐隼的求偶飞行最好看：它们一边大声地咯咯叫；一边像在下坡时过障碍的赛车似的，从一边摆到另一边，表演惊险的特技飞行。该物种的羽毛颜色可变，从浅（对页图）到深（上图）都有。

　　不同的元素能碰撞出伟大的作品。澳洲隼（*Falco cenchroides*）的栖息地就是如此，那里有巨大的岩石、碎裂的缝隙，这不禁让人想起杰拉德·曼利·霍普金斯的精彩诗句：

　　　　我今晨撞见黎明的宠臣，
　　　　在画光之国，朝霞斑纹染身的猎隼……
　　　　我深藏的内心为它激荡，
　　　　为它的成就，为它的技巧！

我和萨莉第一次去沙漠，偶然发现了一只鹬鸹。它当时正在庄严踱步。记得几年前，我和蒙蒂·施拉德尔一起开车出行，也遇到过几只鹬鸹。他停下车，拿出手帕，扔出窗外。我当时就觉得，有些人真是欠踢。突然之间，这些个头超大的鸟转过身来，冲着我们的车冲过来，直到离我们几米远才刹住，这令我印象深刻。我后来试了一下，发现挥手绢似乎并不总是有效。所以这次我们在沙漠中又遇到鹬鸹时，我就跟萨莉说，她应该下车去冲着它们挥手绢。她给了我一个奇怪的表情。但那时候，她还天真地相信我是某方面的专家。所以她跳下车，开始有点儿害羞地挥起了手绢。哦，我还没说过吧，我有一次带了一些英国游客到沙漠观鸟。其中两个壮汉特别热衷打猎，那时我们遇到了鹬鸹，我也跟他们说应该去挥挥手。"是是是（标准的英式口音），你跟谁开玩笑呢？"但我坚持说他们应该去。结果有一个去了。然后，距我们 200 米外的鹬鸹转过身来，奔向我们。看到此景，我们的"大英雄"一跃从车窗跳进车中，砸到了我的腿。

　　你是否曾经也遇到过这样的孩子，第一次见面时羞涩得有点儿病态，没过几分钟，就黏着你？鸟类世界也有这样的情况。你刚刚见到它时，它从高高的草丛中露出一双闪闪发光的眼睛偷偷看你，再到下一个画面，它就爬到了你鼻子上。喏，红眼斑秧鸡（*Gallirallus philippensis*）就是鸟类世界里的黏人小孩。它们特别神秘，可能你后院就藏着100只，你还不知道。它们一旦与人接触，很快就会无所畏惧。在昆士兰赫伦岛这种地方度假，秧鸡不怕人得能从你叉子上抢吃的。这两只是在伊利特女士岛拍的（对页图），拍的时候我躲都没有躲起来。它们对游客特别习以为常，就好像你是隐形人似的。这些照片公布出来的同时，我要是没配个图说明它们有多不怕人，都会感到有点内疚。大部分内陆的鸟类十分胆小，想拍这种类似的照片几乎不可能。嗯，也不是不可能，只不过这摄影师得比我技术强（和细心）100倍！

20 世纪 40 年代早期，在曼吉马普，随便某个炎热的夏天，我和朋友们会跳上自行车，前往四五千米外的方提斯湖。丰塔尼尼先生是附近一个苹果园的园主，他兄弟的坚果农场与苹果园挨着。整个果园农场的面积非常大。他建了一道坝，拦下了一条流淌的小溪，还沿岸建造了各种棚屋。我的朋友们在水中嬉戏时，我就用卡车轮胎当船，拿桨划到远处的小溪入湖口，去看黑喉小鹏鹈（也叫澳大利亚鹏鹈，*Tachybaptus novaehollandiae*）带着幼雏在芦苇丛中游泳。它们肯定很习惯人类，因为我离它们只有几米的距离时，它们都不怕。水很清澈，我可以看到成年的鹏鹈在水下游泳。它们用喙叼满鱼或水生昆虫，饥饿的幼雏蜂拥而至。当时我不会游泳，而且水很深，所以我想我今天还能写这个的一个主要原因是当时轮胎没有漏气。方提斯湖后来的情况有好也有坏，但一直是个美丽的地方。如今它成了一个颇受欢迎的旅游景点，有小木屋和停车场。但我想知道是否水中仍有鹏鹈。

　　我和帕特结婚之前，曾经在西澳大利亚州克莱尔蒙特的巴特勒沼泽地消磨了许多时光。经常有对鸟类感兴趣的学生跟着我们一起。有一次，我们发现了一个鹏鹈的巢，就找了个隐蔽点，轮流拍照。当时我们刚刚遇到了迈克尔·莫科姆，他刚刚在国际摄影展览会上获奖。出于傲慢和无知，我觉得我的杰作肯定也能获奖。所以我挑了一些照片寄了出去，满怀期待能获奖。帕特也寄了一些，其中有一张我觉得特别差，也是鹏鹈的照片。你猜对了。我的所有参赛作品都被拒了，帕特的鹏鹈倒获得了铜奖。我气得把自己所有的相机都放在一个手提箱里，扔到了她家门口。

　这些页面上的照片是在鸟巢筑好将近 60 年后拍的。这是一对很温顺的澳大利亚鸊鷉。它们在一个公共花园的一条小路附近筑了这个漂浮的鸟巢。数百名游客都曾路过鸟巢。大多数人显然没有看到几米之外的这个小小的传奇。雄鸟孜孜不倦地捕捉小鱼和蜻蜓若虫，来喂养雏鸟。有时候这对夫妇交换一下角色，雌鸟游开去觅食。有几次，鸬鹚（Phalacrocoracidae spp.）游过附近，鸊鷉坐在鸟巢里，向入侵者伸出脖子，显然是在威胁鸬鹚。夜间，风暴突袭，大水淹没了鸟巢。只有一只鸊鷉幼雏来得及破壳。几天后，我们发现这个鸟巢仍然浮着。一些鸭子在争夺它的使用权，想用作休息台。池塘里，雌鸟背着幼雏，雄鸟驱赶着周围各种更大的鸟类，像是北美黑鸭（Anas rubripes）、鬃林鸭（Chenonetta jubata）和黑水鸡（Gallinula spp.）。有一次有只黑水鸡被赶出至少 30 米。还有一次，鸊鷉在水下抓住了一只黑水鸡的腿。攻击没有明显的模式可循，有时鸭子或黑水鸡游得很近鸊鷉也没理，有时则被很凶地追出很远。

　我们从沙漠之旅返程，有一天晚上停在一个小水坑附近。周围都是树木，应该有不少鸟类。没一会儿，我们就注意到一只灰头鸊鷉（Poliocephalus

"后座"上的司机——澳大利亚鸊鷉带着幼雏。

小鸊鷉藏在"后座"里，
从妈妈肩上往外望，
像是在问："我们到了吗，
爸比？"

poliocephalus），头部刚刚换上繁殖羽，在水坑里划水。
接下来的两天，我静静地坐着，看它，拍它。鸊鷉则
无视我的存在。它在较浅较暖的水边划动，在水面上
寻找美食。然后它前往更冷更深的水域，一头扎进水
底，叼着块小木头似的东西重新出现。它使劲儿地摇
头，晃啊晃，碎木乱飞，终于，一只蠕虫——石蛾
（Trichoptera spp.）幼虫露了出来。它潜水的时候，会
把所有的羽毛平摊开来，身体平摊得就好像一块平整

又光滑的板子。它以蹬腿的方式发力，青蛙似的前进。
这个游水方式非常有效率。值得注意的是，鸊鷉上岸
排便，不污染自己的栖息地，但这样容易受到捕食者
的攻击。由于它们在水生环境中生活，进食高蛋白食
物，所以粪便是白色液体态。日落时，它划到水坑中间，
把头藏在翅膀下，安顿下来过夜。第三天早上我们起
来的时候，鸊鷉已经消失了。它应该是昨天晚上飞走
了，去寻找新的水源和新的食物来源了。

在水下游泳的时候，鸊鷉双腿齐蹬，它的脚蹼像青蛙似的踢出去，不像浮在水面上时做划桨动作。这时候它的腿在身体两侧动，而不是在身体下方。注意，它的脚趾间的瓣蹼很大，能提供相当大的推力。鸊鷉潜水时，一般在水下待 7~45 秒。

　　在上图中，鸊鷉正设法从石蛾蛹中挖出幼虫。一般得要几分钟才能打破蛹壳，获得这多汁的食物。我们发现石蛾和蜻蜓幼虫是鸊鷉最常吃的食物。鸊鷉全天捕食，常在池塘中间休息。休息的时候，它把头塞到后边羽毛里，偶尔悠闲地踢一脚，来保持平衡。

　　一些鸭类的翅膀尖上有一片特殊的羽毛，在光的照射下能反射出彩虹般的光泽。太平洋黑鸭（*Anas superciliosa*）的翅膀上，这片反光的羽毛通常是绿色的，随着光照角度的变化，颜色有时会更接近蓝色（上图）。能跟黑鸭杂交的外来物种绿头鸭（*Anas platyrhynchos*），这块反光的羽毛一般是蓝偏紫色的。杂交种看起来像是黑鸭，有时候腿部颜色更鲜艳些，而这片翅尖羽毛的反光一般更偏蓝色系。求偶交配时期，还有一些其他能反光的羽毛，例如，"脑袋后那一撮毛"和"翅尖稍向下一点"位置的羽毛，这些区域的反光现象有时候会更加明显。但人们基于绿头鸭行为的研究表明，即使盖住这些会反光的鲜艳羽毛，交配行为也不怎么会受到影响。可能对于不同物种来说，求偶期间这些鲜艳羽毛的重要程度也很不同。很多求偶行为进行得非常快，观察者很容易错过。鸭类经常与其他类似物种成群活动，根据这片反光羽毛的颜色，可以识别一群鸭中的不同物种。

　　这种鸟本来叫作"白眼潜鸭"，但只有雄鸟才有白眼这个特征。许多鸟类用以命名的特征都只在雄鸟身上看得到，比如说缎蓝园丁鸟。不管怎样，这种鸟现在被叫作"硬头鸭（中文学名为澳洲潜鸭，*Aythya australis*）"。这名字显然是因为早期的标本制作者处理头骨时觉得它头很硬。第一次见到后来成为我妻子的米歇尔时，她告诉我她在澳大利亚保护基金会日志里看到过一张反嘴鹬（*Recurvirostra avosetta*）的照片。我毫不掩饰自己对鸟类的热爱。而她，一个连 2000 米都跑不了的人，从那一刻起就决定此后的人生一定要与鸟相关。许多年后，米歇尔在车道上摔了一跤，住院时被诊断头骨骨折。爸爸给她发了一张打印的卡片，上面印着对页这张照片，写着："要是你也有个'硬头'就好了。"我觉得这梗超好笑。但米歇尔只是翻了个白眼，明显是脑震荡了。

　　澳大利亚鬃林鸭的游泳能力令人震惊，毕竟，它们的脚蹼是网状的，又小又精致，看起来不像是很擅长游泳的样子，连在地面上走路的样子也似乎挺蠢的。然而，它们可以毫无困难地停在树上，还常常把巢筑在大树洞里。它们一次产蛋多达十几个（说明幼雏死亡率很高）。不管天敌是谁，它们似乎在减少，因为至少在过去的几十年里，鬃林鸭的数量在稳步增加。我记得自己在20世纪50年代看到它们时还特别兴奋，因为那时还挺罕见的。如今它们甚至游荡在随便谁家的前院，以草为食。它们喙的边缘是锯齿形的，擅长从草茎尖上把种子剥下来。

　　雏鸟（右图）的羽毛跟成年的雄鸟或者雌鸟都不同。有时候，我们觉得雏鸟的羽毛更漂亮，尽管成鸟才有它那特殊的鬃毛。鸟父母会带着雏鸟生活一个月左右，或更长一点时间，一起游泳、休息和觅食，直到它们能够自食其力为止。

　　我们个人的观鸟习惯是，无论一只鸟儿是最常见的物种，还是最稀有的，我们都会花上不少时间，每次都能学到新东西。白骨顶（*Fulica atra*）就是一个很好的例子：它们在欧亚大陆和澳大利亚都很常见，都是为人熟知的水鸟。我们有一次拍到了它们的家庭聚会，注意到了一些以前没有注意到过的事情，如上图所示。首先，雏鸟的脚趾不像成鸟那样有裂片；其次，雄鸟（上图左）会向雌鸟展示白顶求偶。我们在麦克唐奈山脉的一个池塘里度过了好几天，阳光照射着峡谷的岩壁。拍出的每张照片都有所不同，因为风吹起涟漪，白骨顶潜水找草籽吃时，"打碎"了湖面。

　　这几只白鹭正在叼起浮在水上的木棍（上图和对页图），带回家去做巢。白鹭集群筑巢，大家在一起，感觉更加安全。但如果巢互相太靠近，或者棍子被盗，它们往往就会发生争吵。对页图是中白鹭（*Ardea intermedia*），上图是牛背鹭（*Bubulcus ibis*）。

　　我、帕特和雷·加斯特在西澳大利亚图利宾湖拍到了我们觉得是大白鹭（*Ardea alba*）的鸟。这是个位于盐湖链最北边的淡水湖，长着许多木麻黄。我们很幸运，因为图利宾湖后来干涸了。大白鹭在世界范围内分布广泛，但最近的研究表明，澳大利亚大白鹭是一个独立的物种，即东部大白鹭。

　　澳大利亚任何一个地方的任何一段淡水都可能会吸引一两只白颈鹭（*Ardea pacifica*）。我们在沙漠中的季节性池塘、路边的沟渠、沿海沼泽、内陆河流都见过它们。它们无处不在，估计总有些鹭不得不迁徙，懒惰地拍着翅膀飞行，才有可能找到一片没有别的鹭的水域。对页图是昆士兰州库珀河的一只白颈鹭亚成鸟。上图是傍晚时分出现的一只白颈鹭和一群粉红凤头鹦鹉（*Eolophus roseicapilla*），它们趁着最后一缕阳光飞行，准备在夜幕到来之前开始休息。

保养羽毛对鸟类来说是头等大事，要是没有经常注意，羽毛可能会影响飞行。因此鸟类每天会花费大量的时间用喙梳理羽毛，确保干净。鸟儿生病的第一个迹象通常是蓬乱的羽毛，这意味着疏于护理。这些照片展示了白脸鹭（*Egretta novaehollandiae*）"梳妆打扮"的各种样子。令人好奇的是，恐龙该如何梳理羽毛呢？它们那长满利齿的下颌恐怕不太方便用来清洁和整理羽毛。

　　我年轻时藏在各种隐蔽屋里拍了几百张休息在鸟巢中的鸟的照片。在我的记忆中，最令人愉快的经历是拍到在西澳大利亚州图利宾湖的这只黄嘴琵鹭（*Platalea flavipes*）。成鸟对幼雏很有感情，经常帮它们梳理羽毛。幼雏也很有爱，互相梳毛。在别的鹭的巢里，我可见过完全相反的场景：幼雏们互相攻击。

　　由于羽毛或多或少有一些防水性，像澳洲鹈鹕（*Pelecanus conspicillatus*）这样的鸟儿洗起澡来动作很猛，非弄得浑身湿透不可。如果有水，许多鸟每天都会洗澡，来保持羽毛柔顺。

鸬鹚的英文名字 cormorant 来自拉丁语，意思是"海上的乌鸦"。它们中有很多是海鸟，也有不少生活在淡水领域。上图是小斑鸬鹚（*Phalacrocoratx melanoleucos*），拍摄于北领地麦克唐奈山脉的一个峡谷，离澳大利亚内陆不远。这种鸟一般在淡水中或水边的树木上筑巢。这张鸬鹚求偶的照片（对页图）拍摄于西澳大利亚安全湾的一个小岛上。这个岛基本上就是一大块被鸟巢覆盖着的石灰岩。20 世纪 60 年代，我们经常去岛上玩。现在这个岛被禁止参观了。从照片中可以看到，来自内陆的勤劳雄鸟，用喙叼着筑巢材料，向它们的伴侣展示非常杂乱的求偶场地。旁边的雄鸟，也许年龄更大、经验更丰富，正等着这位天真的家庭建造者再去寻找材料，好偷它的材料放到自己的巢里。

对页图：小斑鸬鹚挥动着翅膀，展示着自己刚刚开始建筑的鸟巢，向雌鸟们炫耀自己成为一个好丈夫的可能。它的后面的另一只雄鸟也开始筑巢，它们俩离得很近，但刚好前面那只一下子啄不到它。

　　1965年，内维尔·贝克和他的妻子多萝西邀请帕特和我同行，去西澳大利亚黑德兰港附近的泰弗纳德岛。在岛东边的海滩上，我们发现了数百只白燕鸥（*Gygis alba*）的栖息地。从我们的露营地看不到这个地方，但偶尔，我们会看到一大团白燕鸥在沙丘上方盘旋。我决定调查一下，就找了一个距这里大约50米外的地方藏起来。白燕鸥们要么坐在蛋上，要么正在出海，要么叼着鱼正在返回。突然，一只褐鹰（*Accipiter fasciatus*）跳过沙丘对白燕鸥发起攻击。每只白燕鸥都疯狂地叫着。褐鹰潜入沙丘后面的栖息地中，离开了我的视野范围。我看不到它的突袭是否成功，因为它已像来时那么突然地离开了。白燕鸥在上空继续盘旋，高度达100米，持续约20分钟，然后再次落下来，趴在蛋上（对页下图）。

从这种有规律的"恐惧"中，我们发现褐鹰每天会多次袭击这块栖息地。我们觉得严格坚持"不许扔垃圾"的岛主真是聪明极了，因为这样岛上才没有海鸥。如果有的话，褐鹰和海鸥的组合，可能会给整个白燕鸥种群带来灭顶之灾。上图中是一只白燕鸥，正准备下蛋，照片拍于 1954 年左右，在澳大利亚西部的罗特内斯特岛。这是我用自己买的第一卷彩色胶卷拍的照片，之前的照片都是使用 Super XX 黑白胶卷拍的。

多年来，我最喜欢的鸟都是灰鹰（Accipiter novaehollandiae）。最近，我与家里人一起去伊利特女士岛度了个假，在这期间我对灰鹰的"忠诚"有所动摇，因为褐翅燕鸥（Onychoprion anaethetus）引起了我的注意。我喜欢看它们休息时整整齐齐站成一排；还有它们展开翅膀时，折成四折的翅膀一折一折地打开，像只微型翼龙。除了美貌之外，这种鸟的行为也很有趣，它们似乎总是在忙些什么。我知道我潜水时有些行为对它们很不好：我总喜欢突然浮出水面，把头伸到海浪上面看它们。这时候，我的家人们往往在追逐海龟和

蝠鲼。我们到伊利特女士岛的时候是夏末，所以很多鸟的雏鸟都是快换好羽毛了，再不就是开始孵第二窝了。我6岁的女儿娜奥米发现了这只羽毛蓬松的雏鸟（上图），这也是我们看到的唯一还没换羽的雏鸟。它好像长着一根天线似的，能够找到各种可爱的小玩意儿。这种能力是它花了好几小时给豚鼠分组锻炼出来的。夕阳投射出温暖的光线，我们和这只雏鸟一起度过了一天中的最后一小时。我们还很幸运地看到一只成鸟来喂它，喂的是成鸟吃掉银色鱼鳞和鱼眼睛之后，反刍吐出来的一个半消化后的球状物。

　　拉乌尔从 11 岁开始拍摄鸟类照片，十几岁时常与史蒂夫·帕里什讨论摄影和生活。拉乌尔的女儿，名字叫娜奥米·帕特里夏。一家人在伊利特女士岛度假时，娜奥米背着相机跑来跑去，拍下了这些褐翅燕鸥的照片。这种鸟在镜头面前相当温顺。能拍出这些照片对一个 6 岁的孩子来说相当不错了。娜奥米的父母和祖父母 4 个人都是摄影高手。

黑色的燕鸥：肚子里没有墨水，就在脚上找找吧！

　　尽管澳大利亚也有一些留鸟，但大部分是候鸟，在北半球甚至北极圈北部繁殖。每年，它们向南迁徙，一些来自西伯利亚，还有一些来自阿拉斯加，来到南边的澳大利亚海岸度过夏天。这段旅程漫长而艰辛，沿途歇脚的地方主要是各种湿地。人类文明侵占了这些湿地，使鸟儿们的旅途更加惊险。有些物种受到了很严重的影响。比如，来自西伯利亚的弯嘴滨鹬（*Calidris ferruginea*）等物种的数量就下降得惊人。阻止它们继续减少的唯一办法，是保护沿途的湿地栖息地。漂鹬（*Tringa incana*，对页图）可能不怎么受影响，因为它们偏好栖息在岩石海岸地区，而矶鹬（*Actitis hypoleucos*，右图）喜欢在淡水附近栖息，数量就比 50 年前少多了。麻雀大小的红颈滨鹬（*Calidris ruficollis*，上图）是个头最小的候鸟，每年在澳大利亚和西伯利亚之间迁徙两次。

在砸开牡蛎的岩石上，澳洲黑蛎鹬希望能找到珍珠。

澳洲黑蛎鹬（*Haematopus fuliginosus*）在另一条礁石海岸线上很常见。它们在澳大利亚繁殖。我们找到的鸟巢都在近海岛屿上，也有其他观鸟者在内陆这边找到过鸟巢。澳洲黑蛎鹬受到干扰时非常闹腾，要是人们靠近了鸟巢，它们会大声尖叫，发出警告。上图中这对是在12月拍摄的，正值每年一次的换羽初期。它们的大多数羽毛已经长了一年了，出现的磨损褪色，也能看到一些黑色的新羽。雌鸟（上图左）的喙尖上有一滴水，可能用来排出体内多余的盐分。

南海岸的澳洲黑蛎鹬（对页图）眼圈是红色的，从东部的弗雷泽岛到西部的鲨鱼湾，它们的眼圈都是红的。而从伊利特女士岛向北，眼圈就是黄色的，喙也更坚硬些。我们在东部没见过任何中间过渡的形态，所以怀疑这可能是两个物种，尽管西部有一些中间形态的个体。约翰尼·埃斯伯格斯的照片拍得很精细，清楚地显示了这种眼圈颜色的差异。雄鸟（上图和右图左）的喙比雌鸟（右图右）的要长。

　　我们在南澳大利亚墨累河边怀克里逗留期间，见过一对带着雏鸟的白颈麦鸡（*Vanellus miles*）。它们会向着小孩和狗俯冲，来驱赶它们。当地一位居民称这些鸟为"匕首鸻"，我们觉得这名字非常合适。在这两张照片（对页图和上图）中，它们翅膀上的"匕首"很明显。雏鸟刚出生约一天时间，已经长出面部的羽毛特征来了，虽然它的面部看起来是粉红色的，而不像成鸟那样是黄色的。

超乎想象的昆虫世界

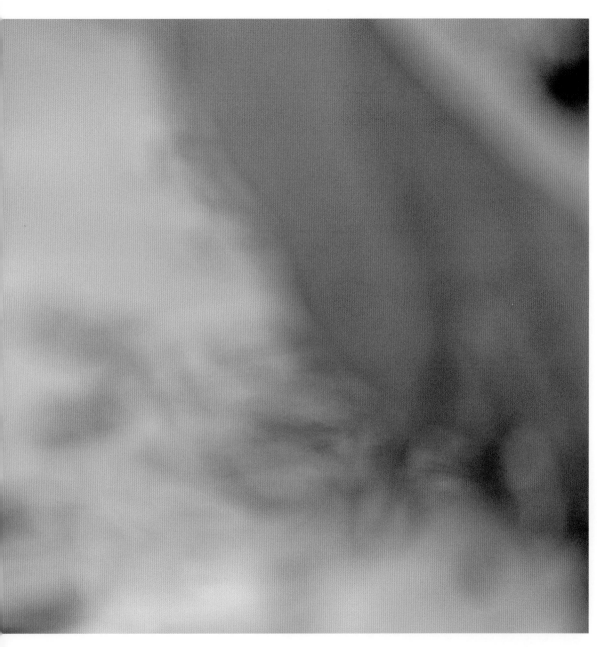

澳洲虎蜻蜓（*Ictinogomphus australis*）。

壁泥蜂（*Sceliphron laetum laetum*, F. Smith, 1856）：在澳大利亚西南部观察到的条纹是黑橙相间的（上图），在北部和东部的条纹是黑黄相间的（对页图）。

1938 年，我大约 7 岁时，在父亲的藏书里找到了一本让－亨利·法布尔的散文集。法国的大部分文学作品超出了我的理解范围，但这本书引起了我对蜂类的兴趣。这些蜂类后来一直伴随着我人生的旅途。法布尔是一个对昆虫观察得很仔细的人，特别是对行为模式有规律、有意图的那些小昆虫，他都怀着一份伟大作家的情怀研究过。要是他能有我们今天的设备，肯定能成为一名出色的摄影师。要知道，他研究的对象，特别是蜂类，是动物界最迷人的生物。只不过，他这样一个细致的观察者，可能无法分心使用相机。出于这个原因，虽然我所知非常肤浅，但仍然非常享受一动不动趴着或站着观察和拍摄各种黄蜂与蜜蜂的每一分钟。

蜂类：我心中鸟类之外最棒的生物。

昆虫有 32 目（一说 33 目）。鞘翅目物种最多。第二是膜翅目，其中包括黄蜂、蜜蜂和蚂蚁。跟昆虫纲下别的许多目一样，膜翅目的昆虫都有 4 只翅膀，与众不同的是，膜翅目的昆虫的前后两对翅膀是由一排钩子连接在一起的，前对翅比后对翅长。蜂类下分许多科。物种和个体数量最多的是寄生蜂，它们大多数个头很小。事实上，世界上数百万种昆虫中的大多数，可能被不同种的蜂寄生着。这些寄生蜂不仅非常有趣，还具有很大的经济学意义，因为每种昆虫都至少有一种蜂寄生在它们身上。我更喜欢非寄生的、在地上挖泥或挖洞产卵的那些蜂类，主要是因为它们更容易拍摄，我也就在它们身上花费了更多的时间。

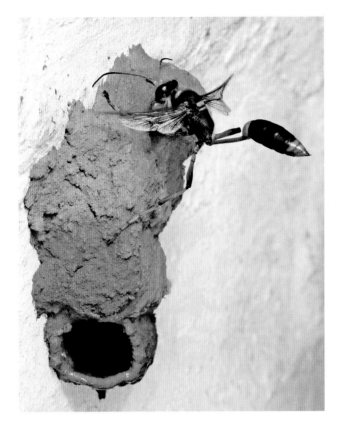

蜂类中，有建造泥巢这种行为的，最常见的是壁泥蜂属的几个物种。它们用蜘蛛喂养幼崽。奇怪的是，分类学家把壁泥蜂属，还有另一类也会建造泥巢的黄蜂，都归在蜾蠃亚科里，但这两类在血缘关系上并不密切。壁泥蜂与"马蜂腰、会挖洞"的泥蜂科亲缘更近些。泥蜂捕食各种昆虫，主要是毛虫和蚱蜢。另外，还有一些会打洞、猎蜘蛛的蜂类，则被归到了蛛蜂科。

壁泥蜂是这些蜂里最显眼的一种。它们自由进出人类住所，寻找筑巢地点，常常选在墙上。人类对蜂类的反应有趣得很，从动物行为的角度来看，简直跟蜂类本身一样有趣。我觉得可能从来没有人被壁泥蜂蜇过，但很多人的反应就跟壁泥蜂的毒刺毒性持久又致命似的。这种想法可能源于英国和欧亚大陆的其他一些地方，那边的大黄蜂性子恶劣、成群生活，会袭击打扰蜂窝的人。这种误会在澳大利亚经过几代人辈辈相传，还让一种完全无辜、无害和无关的昆虫给背锅。我们就不太管壁泥蜂在家里筑巢。虽然墙上会鼓出一个小小的泥包，有点儿不美观，但我们可以在闲暇时欣赏蜂窝的漂亮结构和观察塞满蜂窝的瘫痪了的蜘蛛。

2月15日下午4点，我们注意到一只壁泥蜂在一堵墙砖上进行探索，它绕着圈子走来走去，用弯弯的触角敲击砖的表面，花了很多时间。我确定它想在这儿造个蜂窝。它在下午4点15分左右离开了。我开始计时。下午4点45分，它带着个小泥球返回了，并把泥球迅速贴在墙上。后来它可能觉得这个头开得不怎么样，下一个泥球被部署在距这个泥球5厘米远的地方。接下来的一小时，蜂巢被缓慢地建造着。它花了66分钟，来回了45次，终于完成了。它从距离蜂巢大约30米远的道路上的干燥水坑中收集建筑材料，用下颌把泥刮出来，用两只前腿把它搓成一个球。整个过程伴随着巨大的嗡嗡声。

上图：壁泥蜂拿泥浆筑巢，泥球夹在它的长鼻和前腿之间，拍摄于西澳大利亚的凯尔姆斯科特。

对页上图、对页下图：图中的壁泥蜂在用从不同水坑中收集的泥浆建造两个不同的蜂窝。

壁泥蜂把泥浆抹到蜂窝的壁上；泥球是用前腿和
下颌骨搓出来的。一开始它需要使用大约 40 个泥球
来建一个蜂窝，熟练之后，这个数量可以减少到 20 个。

第二天早上，壁泥蜂又给完成的蜂窝添加了两次泥浆。上午 11 点 41 分到 12 点 16 分之间，它又在蜂窝上涂抹了 40 多次。随后，12 点 16 分开始，它带着第 41 个泥球开始建造一个新巢室，在下午 12 点 45 分的时候，只涂沫了 16 次，新巢室就完成了。壁泥蜂在新巢室上休息了 10 分钟，然后又涂抹了 3 次，就一直休息到下午 1 点 9 分。下午晚些时候，它带回来 6 只小蜘蛛，但没把巢室封死。第二天早上，我来看的时候，巢室已经完全建好了，也密封好了，所以隔壁那个新巢室里，至少可能还塞了一只蜘蛛进去。在接下来的几天里，又增加了更多的巢室，壁泥蜂行为上倒也没什么特别的变化。最后所有的巢室都被盖上了厚厚的泥层。然后再把整个蜂巢表面和周围的墙壁上抹上泥土，整个结构看起来就像谁一不小心往墙上甩上了一点儿泥土似的。

观察壁泥蜂建巢，我注意到一些有趣的地方。首先，建造第一个巢室要比建造后面的巢室需要更长的时间和更多的泥球。虽然建造看起来是一种本能，但施工技术其实会随着实践而提高。我没有注意到其他种类的泥蜂有这种改进的能力，比如拉氏蜾蠃，它们通常需要大约 16 个泥球来制造一个巢室，第一个还是最后一个都一样。其次，如果天气不合适，或者受到什么干扰，壁泥蜂会暂停建巢。我们在澳大利亚西部阿马代尔附近的一个果园看到过一

壁泥蜂在用触角测量并计算出泥巢建造的进度。

壁泥蜂正离开蜂窝。所有的巢室都已经建
成了，也塞上了蜘蛛。蜂窝上覆盖着一层厚厚
的泥浆，可能是为了防姬蜂。

个蜂窝，果园主刚好给树喷了杀虫剂，蜂窝就保持在建好一半的状态。

我们本来以为壁泥蜂已经死了，因为最后那个巢室只塞了几只蜘蛛，也没封口，但几天后，它又回来继续建蜂窝和塞蜘蛛。杀虫剂显然奏效了，果园里大部分蜘蛛都死了，壁泥蜂很难再找到些啥。

我们还在阿马代尔见到过泥蜂用泥浆把最后的一个巢室封上，第二天早上又重新给它弄开，塞蜘蛛进去。不过这似乎是很少见的异常行为，但可能挺管用，也许以后会多起来吧。

所有身为捕猎者的蜂类都必须与寄生生物抗争，最常见的是其他寄生蜂，如姬蜂（Ichneumonidae spp.）和青蜂（Chrysididae spp.），还有寄生蝇（Tachinidae spp.）。姬蜂的产卵器很长，能够穿透巢室的墙壁，把卵产进去。青蜂的产卵器也很长，但使用不同的策略：在特定位置上滴水，软化泥浆，使得产卵器能够伸进去。壁泥蜂很警惕寄生蜂类，要是有寄生蜂靠近蜂窝，壁泥蜂会做出一个威胁动作，并发出嗡嗡声。我有时候觉得壁泥蜂用一层厚厚的泥盖住蜂窝，就是为了防姬蜂和青蜂。但还是有些寄生蜂能产卵进去，偷吃泥蜂为合法居住在这里的自己的后代储存的食物。这些寄生蜂一旦化蛹，就会弄湿泥浆外壳，从里边把泥刨开，跟壁泥蜂的幼虫一样。

上图：壁泥蜂带着被麻痹的蜘蛛回蜂窝。

下图：壁泥蜂威胁姬蜂的展示行为（姬蜂在图片外，请参阅 163 页）。

我们从澳大利亚西部搬迁到昆士兰州，定居在一个老旧的农舍里。从第一天起，就有壁泥蜂住在我们家里。有两个物种。个头较大的那个种，与我们在西澳大利亚研究过的是同一物种，但颜色不同，是黑黄相间的，我们在西澳大利亚见到的是黑橙相间的。它们的行为也类似，筑巢和存食物的行为都是一样的。个头较小的那个种，颜色与较大的相似，但筑巢行为不同。它们在我们家中选择的筑巢地点很隐蔽，要么在壁画后面墙上的小洞里，要么在一堆衣服中，要么在桌子下面。而且这种个头较小的，它们筑巢时不是将新巢室粘到旧巢室上那么一个贴着一个，而是分开、并排建造的，所以当完成的时候，所有巢室会排成一排，巢室上也不会被覆盖上一层泥浆做保护层。

我记得自己在西澳大利亚的时候，就对壁泥蜂筑巢行为中明显的学习能力印象深刻，因此决定在我们家里测试一下，看看它是否能够解决一些简单的问题。一开始的时候，壁泥蜂是从我们家前门带着泥球飞进来的，每次基本都选择相同的飞行路线。法布尔的书里介绍说，有些蜂类能观察蜂窝周围的环境，并使用这些环境线索进行导航。于是我关上了前门，坐下来看看会发生什么。几分钟后，它从后门进来了。它从后门带着泥球飞回来几次之后，我把后门也关了，想再测试一下它的能力。不一会儿，它从窗户飞进来了。在自然状态下，这种情况永远不会发生，壁泥蜂也没有天生的解决方案来应对，所以我猜它比普通的昆虫更聪明。

上图：在西澳大利亚的德比，我们家的后院，一只壁泥蜂正在收集泥浆。

左图：在我们位于昆士兰州安斯特德的家中，壁泥蜂将泥带到了蜂窝里。在澳大利亚东部和北部，大概还有新几内亚，这种壁泥蜂是黑黄相间的。印度尼西亚有不同的亚种。

壁泥蜂一旦完成建巢，就会开始做一点儿小防护，像上面的例子那样，用泥土在蜂窝外面盖上一层，用的泥球数量跟建造整个蜂窝的数量差不多。我们也见过两次，壁泥蜂在抹灰完成之后又决定再增加一个巢室，例如右图的这只。几乎能肯定的是，这是它筑完巢后来的想法，因为它每次都没给新巢室盖上保护层。有一次我看到一只被塞到蜂窝里的蜘蛛是圣安德鲁十字蛛（金蛛属，对页图），算是超大尺寸的填塞物。

一只拉氏蜾蠃（*Eumenes latreillei*）带着猎物
飞回蜂窝。请注意，它会交叉后腿来托住猎物。

另一个熟练的泥瓦匠——拉氏蜾蠃，建了一个像壁泥蜂那样的蜂窝。但两个物种之间并没什么密切的关系。蜾蠃的适应性远远低于壁泥蜂，且行为更为刻板。2月下旬，我们在西澳大利亚的德比拍摄了一次蜾蠃的建巢过程。这也是我职业生涯中拍到的第一张非常棒的照片。有人说，斯蒂芬·多尔顿是第一个拍摄飞虫的人，而我最早拍摄的飞虫照片比他早了15年。还有其他人，比如乔治·舒岑霍夫，在我之前很久就拍了。并不是说多尔顿的照片不精彩（我对他取得的成就充满敬畏），而且自从数码相机问世以来，人们正在做着不可思议的事。但那时我的黄蜂飞行照片在国际比赛中获得了奖牌，我认为最好的一张照片参加展览之后，主办方甚至都没还给我，所以肯定是有人特别喜欢它。左图是原来那张照片质量次一点的复制品。

壁泥蜂会从半干的水坑中收集泥浆，但是蜾蠃能在干燥的土壤中建造一个采石场，再吐点口水搓泥球。每去三次采石场之后，蜾蠃都会去水源边上吸水，一次吸够搓3个泥球所需的水量。有些巢室做起来会比较快，花费的时间不一定。我定时测过一次，蜾蠃在上午6点56分和上午7点36分之间飞来了11次，每次用于弄黏土的时间为95~120秒。每个巢室需要16或17个泥球建成，最后一个泥球留着做门厅，之后再来重新加工，密封入口。巢室完成后，卵就产在里面，从每个巢室的小屋顶悬挂着垂下来。蜾蠃的猎物全是小只的绿色毛虫。每条毛虫都与蜾蠃差不多长。毛虫的头部被夹在蜾蠃的下颌之间，搬运飞行时蜾蠃后腿再交叉形成一个吊床。毛虫是头朝里被塞进巢室的。巢室被塞满后，原来门厅的那个巢室会被蜾蠃再加工一次，然后密封起来。

上图：一只蜾蠃在辛勤忙碌，在下颌和前腿之间搓泥球，制造它最后一个小房间，力求完美。

下图：蜾蠃在吸水，吸足后用来制作泥球。

把毛虫塞进蜂窝。86只毛虫被塞进了有11个
巢室的蜂窝中。

找一只毛虫通常需要花费大约 10 分钟。我分别记下了每个巢室中的毛虫数量：7、8、9、8、4、7、7、8、8、8 和 9，共计 83 只。它每次回巢我都拍照记录，试图拍到它进去之前的照片，结果只有 3 张还比较令人满意。

螺赢每天能造 3~4 个巢室。建好并塞满 11 个之后，它开始用泥浆覆盖整个蜂窝（泥壁厚度约为 1.5 厘米），直到整个蜂窝看起来像半个板球。天气非常炎热，再过 20 天，勤奋的父母就会在白天定期去看看蜂窝，往上面洒水。在产下第一枚卵后的第 25 天，第一只幼蜂孵化了。

在距这个巢只有几米远的地方，还有另外一只螺赢建造了另一个蜂窝。我弄掉了两个造好的巢室，来观察幼蜂的发育。4 月 6 日产的一枚卵在两天后的 8 日孵化了，幼蜂迅速生长，从毛虫身上吸出汁液来喝。它于 12 日停止进食，并于 13 日进入蛹前阶段，于 18 日变成了成年形状的无色蛹。20 日，眼睛变成棕色，一天后眼睛变深变黑。到了第 25 天，腹部出现了黑色斑纹，并且出现了最早的蠕动迹象。27 日它完全着色，翅膀开始生长。5 月 1 日，成虫完全成形，并准备飞行。为了从巢室中出来，它吐出唾液，软化泥浆外壳，以便弄出一个足以出来的洞。

几乎所有的毛虫都是头朝里被塞进去的，
这是我们看到的唯一先塞尾巴塞进去的情景。

　　孵化完成的蜾蠃一旦离开，别的蜂类就会开始探索它空出来的蜂窝。我在 4 月拍摄到一只俗名叫作"钥匙孔蜂（*Epiodynerus angulatus*）"的种类，它可能是我遇到过的最勤劳的昆虫了。在 16 天中，它飞来蜂窝 4000 次以上，其中带着毛虫来了近 300 次。每个巢室都建在空的蜾蠃巢内，每个需要大约 100 个泥球，塞 5~9 只毛虫。这是一种很适合养在花园里的好昆虫。但像它的名字暗示的那样，它会在钥匙孔中筑蜂窝，因此不那么受人们欢迎。可能这也为无孔锁的普及贡献了一份力量吧。

一只钥匙孔蜂将泥浆和毛虫运到自己的蜂窝中。这个蜂窝建在一个废弃的蜾蠃蜂窝里。

　　我们住在昆士兰州因尼斯费尔时，很愿意同昆虫分享我们的住所。一种大个头的蜾蠃，在墙上一个挺方便拍照的高度建了个蜂窝。它建巢的时间与我在家的时间不那么一致，我设法在上班前拍了两张它将泥土带回蜂窝的照片。等我那天晚些时候回来时，所有巢室都被塞满了，整个蜂窝也都被密封好了。所以我没有拍到它带毛虫回巢的照片。

一只螺蠃将毛虫带回建在我们钢琴里的蜂窝中。

一只蛛蜂（Pompilidae spp.）正在将它的猎物——一只麻痹了的蜘蛛，拖回洞里。蜘蛛头先被拖入洞口。

我有机会观察会挖洞的蜂类的时候，发现寄生生物在其生活中扮演了戏剧性十分鲜明的角色。每次我看到雌性蜂类给幼崽喂食时，都能看到寄生蝇。我也挖了许多蜂巢来检查，发现里面有一些是蛆而不是蜂类后代。通常，挖洞的蜂类会在地面上花费大量时间，要么在阳光下休息，要么四处寻找，不是找地方挖洞，就是找毛虫、蚱蜢或蜘蛛为食。不同种类的蜂的挖洞技术基本上是相似的。接下来，我讲一讲多年来遇到的几种不同物种的一些小故事。

10月的一天晚上，我们在西澳大利亚州的阿马代尔附近散步，看到一只个头超大的橙黑相间的橘色蛛蜂（Cryptocheilus bicolor），在沙土地上半跑半飞着。突然，它停了下来，做了一连串的动作。我们小心地走近了观察，它正对着一只狼蛛（Lycosidae spp.），狼蛛踮着腿尖，刚好抬高了自己，蛛蜂就趁机刺穿了狼蛛的下腹。狼蛛稍作挣扎，又被刺了好几下。整个场面其实不怎么具有戏剧张力，没有自然纪录片里那种"生与死"的斗争场面。蛛蜂赢了，一点儿悬念也没有。狼蛛一旦瘫软下来，就被蛛蜂咬住在地上向后拖。我猜测，如果它已经建好了巢，那它肯定会把狼蛛往巢里拖。我们朝着它前进的方向找了一会儿。在距此地大约 30 米处，我们在一小块沙地上发现了一个新挖的洞。于是我们设置好相机，聚焦在入口处，希望能有机会拍到一张好照片。我的运气很好，刚设置好相机，蛛蜂就把瘫了的猎物拖了过来。在入口附近，它放下狼蛛，爬进洞去检查一切是否正常。蛛蜂在洞里的时候，我把外边的狼蛛翻了个个儿，想观察一下它是否还能动。愿蛛蜂原谅我这种不可饶恕的干扰行为！毕竟我也是刚刚开始玩昆虫摄影。我很快就被上了一课：任何人为干扰都会影响自然行为。蛛蜂重新从洞口出来的时候，狼蛛正背对着洞穴。蛛蜂拖的时候，狼蛛的腿就卡在了入口处。蛛蜂只好给它推出去，再把狼蛛转过来，让它面向洞穴，然后再次拖一次，这次狼蛛一下子就滑进去了。我拍到了两张照片，一张狼蛛脸朝外，另一张狼蛛脸朝内。第二张照片是我最早获奖的一批照片中的一张。很庆幸我没有提交第一张照片，因为它拍摄到的行为并不自然。

一只蛛蜂正在袭击一只狼蛛。

另外一个洞口旁边的另外一只蛛蜂。

接下来的几个晚上，我们回去看了看，希望能再看到几次蛛蜂。我拍到了几张同为隐唇蛛蜂属的一些个体的照片，但没有第一次拍得好。我们发现了一件有趣的事儿，就是有只蛛蜂挖了一条每晚来睡觉用的专用隧道。我挖开了瞧一瞧，发现隧道长近 100 厘米，深达 35 厘米。而一般的巢穴隧道通常很短，长 20~25 厘米，向下倾斜。有次我们凑得太近了，吓得一只蛛蜂丢下了它的蜘蛛逃走了，我们把这只瘫痪的蜘蛛放在火柴盒里保存着。它状态良好，虽然瘫痪了，但大概还活着，过了大概两个月才开始腐烂。有次我们从一个埋在地下的巢里挖出一只瘫痪的蜘蛛，蜘蛛的肚子上附着一枚蛛蜂的卵。卵在几天内孵化。幼虫又在接下来的 8 天中把蜘蛛化成脓、吸干，吃成只剩一具干枯的壳。一天晚上我们观察到一只小小的黑白绒毛蜂，它挖洞时不断地将沙粒甩出（对页图）。我们拍了一些照片，观察发现它们前腿的胫骨上有一个梳状结构，有助于从其他两腿之间向后甩沙子。忙碌的挖掘工松开土壤，像一台小型机器一样愤怒地嗡嗡作响，攒够了沙土之后，以快速甩动的方式将其铲出，沙土能甩出几厘米远。一旦洞挖好了，蛛蜂便冲到大约 5 米远的地方，停一下，然后钻进蜘蛛的洞穴中，消失了。过了一会儿，它又出现了，用跟隐唇蛛蜂一样的姿势拖着一只狼蛛，一直拖到打好的洞里去。此后不久，它再从洞里出来，转过身来，不断把沙子拨到洞中，直到把洞填满。蛛蜂会把地面上的洞口弄平了，然后用小块的草皮和瓦砾把它盖住，藏起这一小片被扰动过的土地。有人认为，蜂类一般在挖隧道之前就已经发现了蜘蛛的洞穴，甚至可能已经先进去把蜘蛛刺瘫痪了。但是令我不解的是，为什么它不直接在蜘蛛上产卵、埋在原地呢？

在寻找沙泥蜂（*Ammophila* spp.）的时候，我碰到了一只外形与之类似，但腰短一些的细腰蜂（Sphecidae spp.），这只细腰蜂正在搬着一只蚱蜢（上图）。说"搬"有点夸张了，因为细腰蜂的个头只有猎物的一半，质量只有猎物的 1/4。它骑跨在猎物上，这是细腰蜂的经典姿势。在这个姿势下，它的腿只能刚刚触到地面。搬运工作进展得相当缓慢。尽管如此，细腰蜂不仅一直以均匀的速度将巨大的蚱蜢推着走，还能在到达巢穴附近时，有足够的力量将猎物拉到杂乱的草丛中藏一会儿，直到自己打开洞穴的入口。

法布尔在书中写的一件小事引起了我的兴趣。他描述了他观察到沙泥蜂是如何咬着一块小石头夯实土壤，来关上洞穴入口的。这是一个罕见的昆虫使用工具的案例。我十分期望我们后院的几个物种里，也有那么一两个物种，能向我展示工具的使用。最有可能的是一种触角细长的沙泥蜂，这是跟法布尔提到的欧洲沙泥蜂类似的一个种。我找到了几个洞穴，趴着观察了半天。真的有一只衔着石头（右上图），但它只用石头来堵上入口旁的一条裂缝。我没见到它尝试将小石头用作工具。

沙泥蜂挖好洞后会在入口处盖上一些泥土，然后出发去寻找毛虫。我以前在书上看到过，它们会记住洞口附近的一些标记物，比如石头、树枝什么的，这样它们就能再次找到自己的洞了。据说这是实验得出的结论，有人把洞口的一些石头照原样换了个地方摆，蜂就直朝着标记物去了，完全不知道自己原来的洞在哪儿。我决定也用类似的实验试试我的沙泥蜂。我注意到几只蜂，它们先是疯狂挖洞，满负荷地工作一阵子，然后飞走休息，几分钟后返回，我趁有一只离开的时候，挪动了周围的标记物，并按照标记物原来的样子将它们换了个地方。果然，它回来的时候就冲着假洞口的位置去了。一旦它发现洞没在那里，就会四处寻找，直到找到为止，然后接着挖洞。等到又该休息了，它就在周围飞来飞去，显然是在记住新的标记物的位置。等到它下次回来的时候，就能找到洞口接着挖了。

本页及对页图拍摄于我们位于西澳大利亚州阿马代尔的家后院。院中有3种不同种类的细腰蜂，它们都在拖着猎物挖洞。上图是一只细腰蜂正在用石头塞住洞穴入口旁的裂缝。

上图：这是一种个头非常大的会打洞的蜂类——皇冠泥蜂（*Sphex cornatus*），它正将一只蚱蜢拖进洞穴。我觉得它似乎是故意弄掉了蚱蜢的长触角，好更容易拖动。

右图：有一次，一只蜂进洞检查，把一只猎物（蚱蜢）留在了外面。寄生蝇借此机会在蚱蜢上面产了卵。后来蜂把蚱蜢拖进了洞穴。再后来，我挖开巢来看，发现了一群蝇的幼虫，但没有发现蜂的幼虫。

上图：在西澳大利亚德比，泥蜂属的一个种正在找地方打洞，它不停地用触角探测地面。

左图：另一只正在用强壮的下巴和前腿挖掘洞穴，并发出嗡嗡声。

　　在我们位于西澳大利亚州德比的家的花园里,我们注意到一只小小的黑白相间的昆虫正在挖一个洞(上图)。我不确定它是蜜蜂还是黄蜂,所以架起了相机,看能否找到一些线索。我在它飞行的时候拍到了一些照片。拍到它还挺难的,因为它飞行的速度非常快。它挖完洞之后,我等了相当长的一段时间,它才带着一只蚱蜢一起飞回来了(对页上图),我的等待是值得的。显然它是黄蜂的某种,但跟我之前见过的其他会挖洞、会拖猎物回家的黄蜂不太一样。我觉得它是一只拉氏蜂(Larrid wasp),这种蜂“翼力惊人”。

右图：在我们位于西澳大利亚州德比的家的花园里，一些小型的本比西德沙蜂挖了一个个的单独洞穴。它们进洞的速度特别快。我没能拍到它们带的猎物（我觉得是苍蝇）的照片。通过分析一些失焦的照片，我们觉得好像是一个体形微小的雄性附在雌性的腹部上，由于雄性个头太小，对雌性的飞行毫无影响。

左上图：一只姬蜂正在钻进木蜂的蜂巢。

右上图：一只绒茧蜂正在钻进猪屎豆的豆荚。后来我把豆荚打开，里面露出了被寄生的毛虫。

对页图：一只姬蜂正在壁泥蜂的蜂巢上钻孔。

令人惊奇的是，雌性姬蜂或绒茧蜂能够找出藏着的毛虫。它们找得特别准，并能用产卵器在上面放下一个卵。有些姬蜂幼虫能够感染宿主，抑制宿主免疫病毒的能力，达到食用活体组织的目的。达尔文写道："我不能说服自己相信，善良的上帝会创造出姬蜂这种生物，因为它们靠活吃毛虫来生存。"姬蜂只有雌性有产卵器。雄性的触角很长，容易与其他蜂类区别。

上图中一只虹彩几只盾斑蜂（*Thyreus nitidulatus*）咬着一根草茎睡着了。还有几只在旁边的草地上睡觉。

一天晚上，住在澳大利亚昆士兰州雷德克利夫的菲恩一家人来到我家做客。我们从鸟类聊到了蝴蝶。原来，他们还没有见过暮眼蝶（*Melanitis leda*）。所以，我们去了几天前我见过暮眼蝶的莫吉尔森林。我真不记得我们是否找到了想找的昆虫，但是我们确实看到了不寻常的景象：一小片草丛中，几乎每根草叶的顶端都有一只小小的发出金属光泽的蜜蜂。天黑了，我们觉得它们肯定是在睡觉。所以我小心翼翼地拔了一根草茎，走了大约 1000 米，把它拿回了家。我走路时尽量小心，心想别吵醒这睡着的小虫儿。到了客厅里，我们更仔细地观察了这只蜂。我们惊奇地发现，它没有用脚抓住任何地方来栖息，而是用下颌悬挂在草上，四肢都随着躯干定住了。它在晚上一直保持着这个姿势，但当我们早晨起来的时候，它已经消失不见了。

第二天晚上，我带着相机回到森林，发现蜜蜂又回到了那片草地附近，它们还是像以前一样在睡觉。借助火把的光，我或多或少地能使相机聚焦了，并且拍了许多张也没有吵醒蜜蜂。接下来的几天里，我继续在森林中漫游，试图找到它们白天在哪里活动。我以前一直以为这几种是独居的蜜蜂，但现在我知道了，它们聚成一小群睡觉。但在白天无论如何找，无论到哪里找，我都找不到它们的踪影。直到深夜，它们又回到睡觉的栖息处，像金属花朵一样出现。

很久以后，我发现它们是盾斑蜂的某种，推断该物种很可能是虹彩盾斑蜂。我还没有放弃拍摄它们的寄生故事的希望。它们的寄主很可能是一个会挖洞、把幼虫养在洞里的物种。

上图：切叶蜂（Megachilidae spp.）会将叶子咀嚼成糊状，涂在巢穴的入口处来封住巢穴。这只蜂正在一个钻有洞的柱子上建巢。这种立在花园里的柱子就是用来吸引蜜蜂和黄蜂的。

下图：火尾切叶蜂（*Megachile mystaceana*）正将嚼碎的叶子糊糊塞进巢中。

1960 年，我和帕特到德比生活和教书，不久后，当地人问我们是否加入了任何俱乐部。我说我们是西澳大利亚博物俱乐部的成员，这是一个致力于自然历史研究和自然保护的群体。当时澳大利亚出版的关于野生动物的书籍，几乎有一半是这个俱乐部的成员撰写的。

托尼·沃森与我们住得很近。我记得我在 20 世纪 50 年代时拜访过他，欣赏了他家的鱼缸，里面有他喜爱的蜻蜓幼虫。他一生痴迷蜻蜓研究，与同事贡特尔·西斯辛格和希尔达·阿比共同编写了权威分类手册《澳大利亚蜻蜓》。托尼对蜻蜓的热爱感染了我。我一直对蜻蜓怀有一份特殊的情感。我最喜欢的是斑丽翅蜻（*Rhyothemis graphiptera*），主要因为它们的翅膀上有漂亮的斑点。不幸的是，它飞起来飘忽不定，我几乎无法拍到它飞行时的照片。在右图中，它是处于静止状态的。

辨认蜻蜓和豆娘有个关键的小知识点：它们翼斑的位置和形状不同。你要是去查资料，就得经过漫长的过程才能区分出不同的物种。讽刺的是，昆虫本身很难找到配偶，难道也得用关键知识点来辨认对方是不是与自己属于同一个物种！雄性豆娘的腹部末端有一系列的突起，这个结构被称为腹凸。每个物种的腹凸形状是独有的，腹凸只能放入雌性身体顶部相应的一组孔中。雌性的这些孔状结构，被称为间胸。雄性与雌性这种结构的配合类似于锁与钥匙的搭配。

对页图中上边的那只是雄性，腹凸锁在下边雌性的间胸中。雌性将腹部举起，举到雄性的排精处。浪漫主义者会形容说它们的身体形成了一个心形。雄性会挤出雌性体内竞争对手的精子，然后迅速排入自己的。雄性豆娘有时候会保持这个姿势几小时，只是为了确保雌性接下来产的是它的卵。这么看来，也许就不那么浪漫了吧？上图中的 3 只雌性豆娘正在产卵。

　　我和萨莉在水池边拍鹡鸰的时候，飞来了几只澳洲虎蜻蜓（*Ictinogomphus australis*）（对页图），它们在我们面前盘旋。我们拍的时候并没想到它们会出现在画面中，当然来不及用相机对着它们聚焦了。等我们发现拍出的许多照片相当清晰的时候，你可以想象我们有多高兴了。由于背景是单色的失焦池塘，我们能将 3 张图像拼接在一起，展示它们飞行时翅膀的不同姿势，记录下这小小昆虫生命里的 2/5 秒。在上图中，一只蜻蜓在休息，远处一只无刺的本土蜜蜂正朝它飞过来，而它丝毫没有意识到危险。

　　在拍到了一只飞行中的蜻蜓后，我们自然就开始四处
寻找其他的蜻蜓。我们很快发现，从拍摄的角度来说，雄
性澳洲虎蜻蜓最为理想，因为它们有领地意识，总有一小
块栖身之地。在自己的领地里，雄性往往会把其他雄性赶
跑，然后再回到这个地方休息。我们在一小时内可以试拍
十几次，大部分时间都拍不着，但只要偶尔能拍到，就非
常值得。对页图拍到的是虎蜻蜓正准备降落，上图是正在
降落。如图所示，蜻蜓和黄蜂在飞行时的主要区别在于，
蜻蜓的两双翅膀各自独立运作，而黄蜂的前后翼由钩子连
接在一起，只能一起动，所以飞行的时候会发出嗡嗡声。

　　我们在昆士兰州西部的一个池塘附近露营时，拍摄到过灰头鹦鹉，发现它主要以蜻蜓若虫为食，还有一些可能是石蛾若虫。我们觉得好奇，是什么样的蜻蜓会冒险飞进这么干旱的内陆？头几天，我们没有任何线索。过了几天，几只毕蓝小蜻（*Diplacodes bipunctata*）来了，并开始结对。本来吧，一个人不应该对自己观察的对象投入太多感情，但是，一群移徙的蜂虎飞了过来，它们对着蜻蜓俯冲，用喙衔住它们；回到栖息处后，它们再将这些"不幸的受害者"摔成一团，这样好吞下去。见到此景，我们感到非常难过。不过，好歹蜻蜓"受害"之前还是产下了卵。很快，又会有新一代蜻蜓出现（如果若虫没被灰头鹦鹉吃掉的话）。

对页图：彩虹蜂虎（*Merops ornatus*）。

上图和右图：毕蓝小蜻。

黑尾灰蜻（*Orthetrum glaucum*）遍布澳大利亚各地，甚至包括沙漠中的季节性池塘，永久性一点儿的湿地，可以说是到处都有。对页图是雄性黑尾灰蜻，上图是雌性。

　　我们的警察朋友戴翁，因为被调职，从阳光海岸往西搬到了博伦。你可能以为他会很难过，努萨角的原始海滩变成了昆士兰州西部的尘土和刺。但他高兴得很！他既喜欢抓偷牛贼，也喜欢猎野猪。我借此机会和儿子萨姆一起去探望了戴翁一家。博伦这个小镇不大，一间酒吧，一所学校，一条堤道和一条小河。我第二天一大早起床，开车去拍照。到太阳升起时，我已经走了约 50 千米。突然，我瞥见路边栏杆上有一颗宝石似的东西在闪闪发光。走近看，原来是缀着露珠的蜻蜓，这一幕真是平凡又奇妙。我想到我开车穿过整个昆士兰州，就为了拍摄这微小且无处不在的东西。如果我只去家附近的草丛，也可以拍到相同的照片的。

到底是谁给幻紫斑蝶（Euploea core）起的俗名？把这个可爱的生物叫作"普通乌鸦蝶"，这根本就是在歪曲事实。它们的蛹就很可爱了，是大自然的瑰宝。俗名里的"普通"勉强还算是正确的，因为这种蝴蝶在澳大利亚东部和北部分布广泛。雌性幻紫斑蝶会选择汁液丰富的植物产卵，常会选乳草、夹竹桃和本地的一些无花果。

我注意到一只雄性幻紫斑蝶在一只静止的雌性上方盘旋，便站着看了几分钟。这场景真是引人入胜：雄性翅膀上的斑点迅速闪动，吸引着下面雌性的注意。我突然意识到：我在这里站着做什么，便赶紧去取了离我手边最近的相机。两分钟后我返回时，那只雄性仍在空中跳舞，我便拍了几张。检查图片时，我发现照片中的蝴蝶翅膀是模糊的。这是可以理解的，因为这对蝴蝶在比较暗的地方，所以我将相机的参数提高了一些。结果大多数照片仍然太模糊，但是有两张效果还可以。遗憾的是，由于图片是静止的，看起来好像雄性是在休息似的，所以你只能相信我的话，想象它现在正在空中，疯狂地挥动翅膀，试图说服雌性与之交配。后来，它们飞走了，我再也找不到它们了。不过，我们之后总能遇到它们生命中的精彩片段，从产卵到精致的蛹，各个阶段都能拍到美妙的图片。

对页图和上图：求爱 —— 雄性幻紫斑蝶在栖息的雌性头顶上盘旋。

前面求爱飞行的最终结果，是产生新一代的毛虫，对页图中的毛虫正在吸食植物汁液。到化蛹的时候，一只完全长成的毛虫会褪色（左上图）。它会再找一个安全的栖息之所，弄出一点丝，旋转着将其附在尾巴上，向下悬垂。等到破蛹的时候，蛹的外皮裂开，虫子向上蠕动（右上图）。最后，新的虫从旧的废皮中露出头来，而蛹则留在原来的地方（右图）。

第 186 页图：一开始虫蛹是半透明的，慢慢地蛹的外皮变硬并呈现出金属光泽，也有可能是银色的。在蛹内部，蝴蝶发生了戏剧性的变化。蛹裂开了，一只崭新的蝴蝶来到了这个世上。羽化完成后，它将继续悬挂在旧的蛹壳上一会儿，等着可以慢慢展翅后，它便飞走。

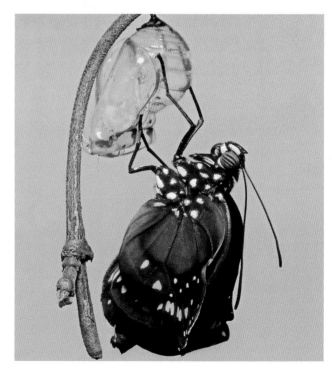

　　金贝粉蝶（*Belenois aurota*）在内陆度过了愉快的一年，当降雨将景观从红色变成绿色时，它们开始大量繁殖。蝴蝶以所有能找到的花蜜为食。桉树大量的花朵（对页图）为吸蜜鸟、鸥、燕鵙和吸蜜鹦鹉提供了食物，也喂饱了蝴蝶。雌性金贝粉蝶将卵产在刺山柑灌木丛中（下图），卵的数量很多，甚至导致毛虫最终都能吃死整棵灌木。我们能看到灌木上挂满了蛹，像圣诞树上挂满装饰品一样。蝴蝶破蛹时，像雪花一样，成群向东飘，最终到达海岸线上。许多蝴蝶会继续飞行，并死在海上。它们的蛹壳有时会被白眉短嘴旋木雀（*Climacteris affinis*）用来盖住巢穴中的蛋。盖住蛋的目的是什么，我们也只能猜测。也许是为了避免掠食性蜥蜴来偷蛋吃，或者可能蛹沾上了刺山柑气味能让捕食者敬而远之。

鸟翼凤蝶（*Ornithoptera* spp.）是个头最大的蝴蝶。澳大利亚有鸟翼凤蝶的两种，在北部的岛屿上还有更多种。上图和左图中是雌性里士满鸟翼凤蝶（*Ornithoptera richmondia*）。这两张照片是萨莉拍的。她和她父亲在院子里种下了许多寄生藤本植物，左图中的这只蝴蝶正趴在发芽的叶子上。对页图中的是一只刚刚破蛹的凯恩斯鸟翼凤蝶（*Ornithoptera euphorion*），是彼得和帕特在昆士兰州的因尼斯费尔时从卵开始养大的。

刚破蛹的雌性果园凤蝶（*Papilio aegeus*），它正在等待可以完全展翅的时刻。

　　蝴蝶很矜持。它们美丽的上翅只在飞行的时候才会打开，其他时间我们看不见。在多尔比的一条小溪旁，我有幸看到两只达摩翠凤蝶（*Papilio demoleus*）婚飞。它们会张开翅膀，然后猛然闭上很长时间，开闭翅膀的频率有一定的规律。有趣的是，两只蝴蝶的频率略有不同，而我想要拍到两只蝴蝶同时张开翅膀的画面。

拉乌尔居住在昆士兰州的波莫纳，所以我希望他能拍一张"柠檬迁蝴蝶"的照片，因为它的学名是波莫纳迁粉蝶（*Catopsilia pomona*）。他给我发了一张照片，可照片中的是一个相似但不同的物种，这个蝴蝶叫黄迁粉蝶。每年，这种蝴蝶都在决明子上产卵繁殖。凯撒红蛱蝶（*Vanessa kershawi*）是内陆常见的蝴蝶之一，雨后有时地面上会长出一些生命周期短暂的开花植物，凯撒红蛱蝶就能在上面繁殖，这些生命短暂的植物有时也是幼虫最喜欢的食物。凯撒红蛱蝶有时候会越飞越远，我们不清楚它们是在迁徙，还是只是在寻找合适的植物。君王斑蝶（也叫帝王蝶，*Danaus plexippus*）（右图）于 19 世纪从美国来到了澳大利亚。它们能在澳大利亚繁殖，可能是由于引入了合适的寄主，比如一些汁液有毒的植物（如乳草）。蝴蝶本身对捕食者来说是有毒的。在澳大利亚的寒冷地区，大量君王斑蝶聚集在它们喜欢的树木上越冬。

　　飞蛾类通常在晚上活动。但是也有一些飞蛾会在
白天觅食，它们往往比一般的夜蛾颜色更鲜艳。上图
和对页图是两只白天活动的飞蛾。其中，对页图是锦
纹燕蛾（*Alcides metaurus*），拍摄于因尼斯费尔；上
图中的飞蛾正在吸食桉树花，这张照片拍摄于昆士兰
州布莱登斯堡国家公园边。它看起来与害虫葡萄滕蛾
（*Phalaenoides glycinae*）相似，但它所分布的范围远远
超出了葡萄蛾的分布范围。

通常，当一个人静静地坐在灌木丛中注视着一个生物时，其他那些善于伪装的动物一旦开始移动，就会引起人们的注意。这种时候总能观赏到一些引人入胜的场景，有时还能拍出好的摄影作品。有一次，我们在昆士兰州因尼斯费尔的家中的花园里观察一些常见的家八哥（*Acridotheres tristis*）捉蚂蚁。它们落在绿树蚁（*Oecophylla virescens*）的巢上，啄起吓坏了的蚂蚁，将它们流出的液体涂在翅膀、臀部和尾巴的羽毛上，就像它们平时在水里梳妆和洗澡那样。人们观察到过许多种鸟类都有这种行为。这个行为肯定有个什么重要的作用，但到底是什么作用，人们还在争论中。有人说是抑制羽毛上的螨虫生长，有人说是用作杀菌剂，有人说是辅助蜕皮。我们盯着眼前的家八哥，试图研究一下到底哪种解释更有可能。我们躲在一棵树干被地衣包裹的树后面，这时候，帕特注意到一团杂乱的"地衣"突然朝着我们面前的树移动。仔细观察才发现，这是一种非常大的昆虫，确切来说，是一种蠕虫，目测长约 12.5 厘米。我们一动，它就不动了。我对它拍了几张照片，它纹丝不动。这段时间，我甚至架起了三脚架，设置好一台大型相机。这相机大约需要 20 分钟才能聚焦在小物体上。我们试图寻找更多有关它生活的信息，但在我们观察到它吃什么之前，它就消失了。上图中的是螳螂，通常来说它的伪装能力比这蠕虫好多了。

　　早些年间，不知道为什么，我觉得瓢虫是从其他
地方被引入澳大利亚的，而且认为它们只在人工花园
中生活。1964 年，我和帕特在西部沙漠发现一个绯红
澳䴓（*Epthianura tricolor*）的鸟巢（对页图），巢中的
雌鸟正在用瓢虫喂食雏鸟。我觉得特别奇怪，这里距
离西澳大利亚任何一个人类文明有数百千米。后来，
我们才知道瓢虫有许多本地种，尽管只有少数外表是
红底黑点的。我觉得上图是八星瓢虫，这张照片拍摄
于花园，我觉得这才是它应该待的地方。瓢虫就应该
在花园里吃蚜虫。

　　苍蝇，例如上图的赤铜绿蝇（*Phaenicia cuprina*），通常被认为是害虫。但苍蝇中的绝大多数种，对人类完全没有害处。对页图中的这种食蚜蝇（Syrphidae spp.）似乎正在捕捉小昆虫。但这也可能是我们的一种错觉，因为在我们所有的照片中，它都伸出长鼻，我们一直都看不到它是如何吃掉猎物的。这只食蚜蝇一直在同一个地点徘徊，我们有机会拍摄了许多照片，由此可以将两张照片合在一起，显示翅膀上下扇动的动作变化。

跳蛛（Salticidae spp.）无所不在。它们头部的中央长着两只大眼睛和两只小眼睛。它们还有 4 只更小的眼睛，围绕在头部侧面，以提供横向视觉。它们不会织网捕获猎物，而是跟踪猎物。我们观察到——虽然这可能是个偶然，在它的猎物里苍蝇比其他昆虫要多。跳蛛的名字来源于它的捕猎行为：它会朝毫无戒心的猎物猛地跳过去，进行最后一击；当然也因为它们能从一片叶子跳到另一片叶子上。跳的时候，跳蛛会用一根丝把自己悬起来。跳蛛色彩鲜艳，它们的种类比节肢动物里的任何其他蜘蛛家族都多。本页上图的照片是在昆士兰州的布里斯班附近拍摄的。

上图：蕨类叶子上的跳蛛。

右图：我们在西澳大利亚州德比附近的
金伯利发现了一只小型跳蛛。

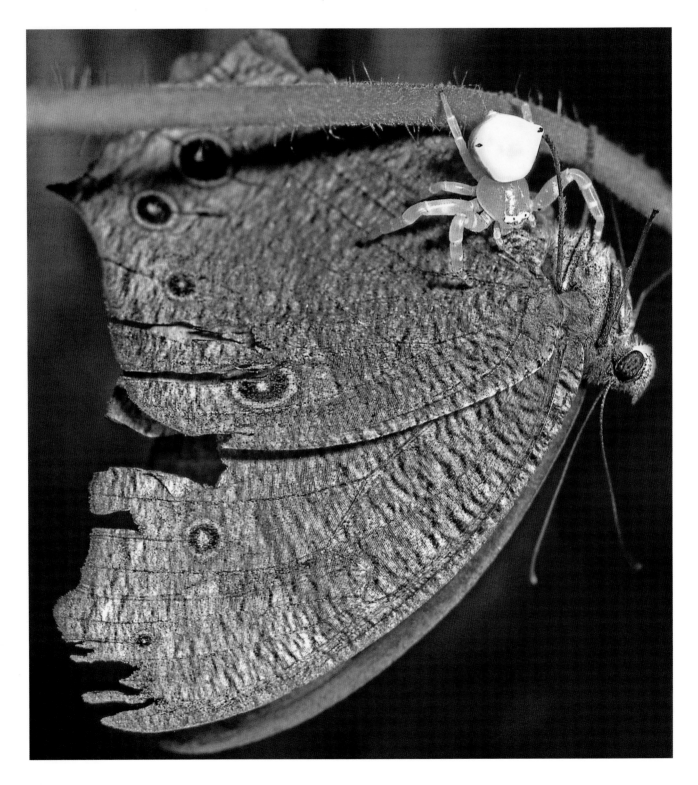

　　潜伏在花朵中、叶子间的"小刺客"——跳蛛，正等着刺杀目标——蝴蝶落下。它突然朝蝴蝶一刺，蝴蝶遭到袭击后几乎立刻屈服。它的猎物包括一只暮眼蝶（对页图）和一只宽带凤蝶（*Papilio nephelus*，上图）。

　大雨倾盆，我们抵达了格鲁普特自然保护区。我们发现，数百只巨大的灌木蟑螂，正利用着下雨这一对它们有利的条件，在桉树丛林中游荡。除了有一只非常大的蜘蛛将一只蟑螂拖进了一个洞，我们并没有发现任何东西吃它们。洞口挺小的，刚刚够蜘蛛顺畅进出的大小，蜘蛛花了一些力气才将蟑螂拖进去。我挺想知道蜘蛛后来是如何爬出来的，毕竟蟑螂就算被吸干了，它的外壳也不会缩小，还是一样堵在洞口呀！

　　有些种类的鸟粪蛛（*Celaenia excavata*）会散发出能够吸引飞蛾的气味。我们在昆士兰州北部（对页图）发现了一只被鸟粪蛛捕杀的胡蜂。这就引来了一个问题：是这种鸟粪蛛能够散发出吸引蜂的信息素，还是蜂是被鸟粪蛛鸟粪一般的外貌吸引来的？我们认为这只蜂是一只斑翅长脚蜂（*Polistes stigma*），其种加名（*stigma* "斑点"的意思）指的应该就是翼尖的深色斑点。胡蜂会在巢穴周围散发气味来阻止蚂蚁。试想我们可能能从胡蜂身上开发出供家庭使用的除蚁剂。

　　本页左图是一个存在于我们后门外好几年的黄蜂巢。我不记得曾经遭到过黄蜂袭击。但是我确实记得曾与昆虫学家一起去过西澳大利亚州奥德河附近的迪塞普申山脉中的一个峡谷。他注意到在峡谷的侧面有一个很大的蜂巢，像是胡蜂（Vespidae spp.）的，就决定采集一些标本。不过，他得把捕虫网用牙咬着，小心翼翼地沿着狭窄的峡谷壁走上 30 米，一不小心就会摔下来。最终，他到达蜂巢，用网刷了一下蜂巢，就遭到了黄蜂的袭击。他大喊一声，疯了似的，几秒就沿着 10 厘米宽的路冲到了我身旁。他身上布满了蜂螫的伤口，这是采集 3 只黄蜂标本这一勇敢行为的证据。毫无疑问，现在它们被固定在纸板上，躺在某个博物馆的抽屉里，上面贴着标签，没听到消息说有人高价收购它们。

　　我们住在昆士兰州的一所旧房子里。人们都喜欢老房子，因为老房了有高高的天花板和宽阔的阳台但也有坏处，冬天的早晨房间里特别冷，隐秘的角落和缝隙里都是蜘蛛。幽灵蛛（Pholcidae spp.）虽然原产于欧洲，在机缘巧合下才被引进入澳大利亚，但仍被人们认为是昆士兰州的标志性蜘蛛。幽灵蛛是姬蛛（Theridiidae spp.）的一种，在受到惊扰时，会磕头似地转来转去。多年以来，我对待家中出现的幽灵蛛都一样：懒散地从窗框上捡起来，扔进厕所。回想起来，这些年来我一定已经"谋杀"了数千只可怜的小家伙。即使这样，它们的数量也从未减少。然而，在一年中某个特定季节的某个特定时刻，阳光穿过两片玻璃窗，以奇特的角度将彩虹抛向了我正准备下手的蜘蛛。看到这一景象，我赶紧去照相。微距镜头拍出来的效果

令人惊叹，图像有着万花筒般的迷幻色彩。在接下来的一周里，我花了一些时间拍摄这"星光"。有时蜘蛛会配合我，在拍摄时蜘蛛会像陀螺仪一样旋转。我现在更喜欢幽灵蛛了，不再将它们丢进厕所。即使这样，它们的数量也再未增加。

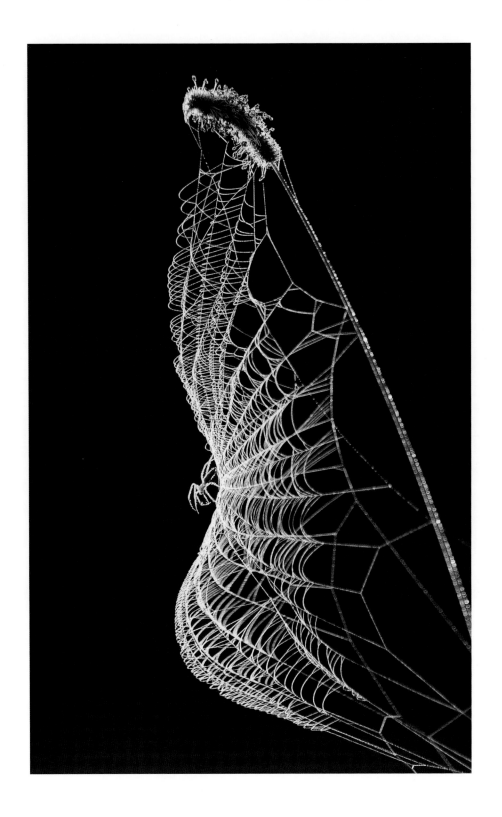

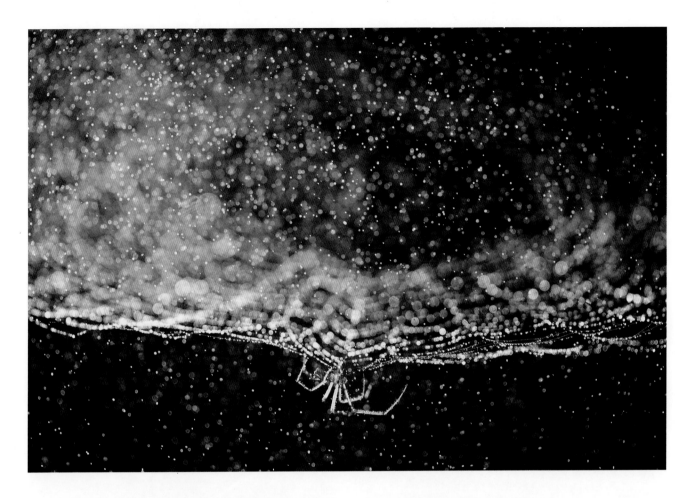

　　背光拍摄坠有露水的蜘蛛网，是自然摄影中的烂大街的手法之一。为什么说是烂大街呢？难道不正是它比别的拍摄方法拍出的照片效果更好，表现力更强，因而在"自然选择"过程中幸存下来了吗？摄影作品中的烂大街手法拍出的照片之所以有市场，是因为这些图片能引起大多数观众的强烈共鸣。大多数人喜欢坠有露珠的蜘蛛网，这些蜘蛛网闪闪发光，形状规律又复杂，就像他们喜欢精心切割的钻石一样。成为一个优秀的摄影师的诀窍是在熟悉的拍摄手法中加入一点点与众不同的细节，来展现个人风格。拍摄对页图的照片时，我扇起了一阵风，蜘蛛网随风飘动了起来，就像在大风中航行的船帆一样。上图则是在一个有雾的早晨拍摄的，超强背光灯捕捉到了空气中所有的水分。我希望你喜欢这些照片，也能像我透过镜头观察到这些场景时一样兴奋。

　　1952 年，我记得有一次我正弯腰准备捡起一只狼蛛，西澳大利亚首席昆虫学家詹金斯先生告诉我，澳大利亚只有两种剧毒蜘蛛，分别是漏斗网蜘蛛（*Atrax robustus*，对页图）和红背蜘蛛（*Latrodectus hasselti*，上图）。1956 年，我在金伯利的当地学生给我拿来了一只大蜘蛛，蜘蛛被装在瓶子里。我刚让它爬上我的手臂，它长着刚毛的脚在我手臂上留下了两排血迹。我保持微笑，假装一切尽在掌握，然后成功地把蜘蛛重新装进瓶子。我后来跟伯特·梅因聊到这件事，她的妻子芭芭拉是澳大利亚的蜘蛛专家。他告诉我，我没被咬是运气好，因为澳大利亚有剧毒的蜘蛛可不止两种，据我的描述来看，当时那只很可能也是一种剧毒蜘蛛。

袋鼠和澳洲萌兽的日常

红大袋鼠（*Macropus rufus*）三重奏，照片拍摄于昆士兰州西部伊达利亚国家公园。

　　临近日落，我们钻进车里，沿着尘土飞扬的土路缓慢行驶，寻找夕阳里的大袋鼠和小袋鼠。鬣刺草丛此刻看起来很美好，因为落日刚好给草尖镀上了一层闪亮的金光，美得让我们都忘了早晨徒步穿过草丛时被草刺破小腿的疼。我们注意到一只小袋鼠突然抬起头来。我们还真想知道你能在找到什么吃，还能不被割破舌头。地上倒是可能会有蛋白石——也许小袋鼠想弄个宝石箱呢。我们特别喜欢阳光从袋鼠背面打过来时袋鼠耳朵上的光晕。我们架好相机，等着袋鼠的两只耳朵都正面对着我们。我们耐心地等着，一开始袋鼠总有一只耳朵一直背着我们，然后另一只转来转去搜寻危险信号。显然，我们对它没有威胁。最后，它的两只耳朵终于都朝向我们了，我们赶紧拍下一张。

　　如果你露过营，一定熟悉在空气床垫上睡一晚不安的觉，第二天起来那种迷糊的感觉。我在伊兰达角露营时，第二天早上的第一缕曙光就惊醒了我。在寒冷的清晨，没有什么比裹在毯子里睡几个回笼觉更诱人的了。但帐篷外边怪里怪气的咚咚声和咳嗽声，吵得我用枕头捂住了耳朵。我实在忍不了了，拉开帐篷拉链看外面怎么回事。帐篷周围到处都是袋鼠，它们正奔向考塔拉巴湖的海滩。我只要伸出手去，就能摸

到它们。接下来的半小时是我摄影生涯中最激动人心的一段时光。袋鼠们沿着水边散开，它们三五成群，喝水的喝水，打架的打架。我想拍到一张不好的照片都难。唯一遗憾的是，太阳升过湖面后，袋鼠们处在逆光的位置，所有的照片都只能是剪影了。拍的最后一张是两只袋鼠在轻吻，它们此时的动作形成一个心形，我把镜头拉远了一点，把日出也囊括到画面中来。也许场景太完美，我太激动了，有些喘息。一只袋鼠

笔直地站立起来，朝我所在的方向竖起了耳朵，然后逃走了。这一早上我领悟到的再清楚不过了：必须早起。如果我没有往帐篷外面望出去，整个令人惊叹的景象仍会出现在离我几米远的地方，但是我会错过。一年中的任何时候，睡觉都很诱人。因为夏季天亮得太早，冬季又太冷。但还是得早起，否则可能会错过一生中最美好的时光。

　　成年袋鼠打斗的场景非常惊心动魄，上图中这两只巨大的袋鼠在打斗，它们的毛都竖起来了。小袋鼠的身材相比大袋鼠要小得多，重量不足，无法有力地撞击和弹跳。对页图中的场景难得一见，右边的小袋鼠跳了起来，左边的小袋鼠把双臂高高地举起。

223

　　艺术家威廉·韦布·埃利斯与大赤库克船长于1777 年在塔斯马尼亚岛逗留期间，最爱吃大赤袋鼠（*Macropus rufogriseus*）。后来，又有一个叫威廉·韦布·埃利斯的人，他非常擅长捡球和快跑，并发明了一项绅士运动——橄榄球。澳大利亚橄榄球队的昵称就叫"袋鼠队"。上图是两个不同色型的袋鼠。

在南澳大利亚州的钱伯斯山，我们观察到在黄昏时候，一些袋鼠会下山来，在一个小水坑旁边喝水。第二天晚上，萨莉赶在日落之前就躲进了灌木丛中。日落的最后一道光线照在了两只口渴的大袋鼠身上。萨莉拍到了一张真正野生的动物的照片，这要比在公园里拍那些已经熟悉了人类、失去了警觉天性的动物要有意义得多。红颈袋鼠（对页图）是大赤袋鼠（上图）的一种变型，但二者看上去不怎么相似。贝内特小袋鼠蓬松的皮毛可以抵御塔斯马尼亚岛的寒冷气候。贝内特小袋鼠是以博物学家乔治·贝内特的名字命名的，贝内特树袋鼠也是。

上图中的是贝内特小袋鼠，照片拍摄于塔斯马尼亚岛。

　　在辛普森沙漠的远郊，我们遇到了一只友善的澳洲鸨（*Ardeotis australis*）。通常，要是汽车停下来，这些巨大端庄的鸟儿就会跑开，我们只能拍到十几张鸟儿的后背。但是这次，我们停下来的时候，这只鸟儿显得一点儿也不担心的样子。我们在车上观察了一小时，这正好是太阳落山前的最后一小时。我们看到它在觅食，找些蟋蟀，或者一些名字不详的种子等。它这种好奇的性格很少见。它长着深色的下巴，和我们以前见到过的同类都不一样。要是它能给我们展示个什么特殊的行为就好了！跟身形比起来，它的脚趾显得非常小，但它走得特别稳。

在昆士兰西北部的达贾拉镇附近，有许多天然的巨大岩石群。我们在这些岩石附近露营时，几乎是一靠近岩石群，就会立刻注意到这些巨石上有紫颈岩袋鼠（*Petrogale purpureicollis*）居住。据观察，这里大约有 20 多只袋鼠。它们很快就习惯了我们的存在，甚至对我们感到好奇。我们也就有了与它们"共同生活"一周的机会。一周后，我们回到家中，我赶紧搜索文献，想要了解更多有关它们的信息。惊喜的是，这种岩袋鼠原来是塔龙加动物园的创始人兼总监阿尔伯特·勒苏夫在 1924 年发现的。我们的照片是在距达贾拉约 30千米的阿德莫尔火车站附近拍摄的。

　　黑足岩袋鼠（*Petrogale lateralis*）在澳大利亚中西部的岩石区分布的范围很广。但由于各种原因，它们的数量已严重减少。农业用地的开发碎片化了它们的栖息地；人类烧地开荒不慎引发山火，以及相关政策发生改变；人们还引入了山羊、狐狸和猫等入侵物种。这些照片拍摄于北领地的麦克唐奈尔山脉的一个峡谷。这种地方似乎没有山火。但就在这个峡谷外，我们拍摄时看到了有火烧过的痕迹。有一阵火在岩石坡上烧了70千米那么远，这肯定影响了岩袋鼠，还会影响生活在这里的鹩莺、鸸鹋鹩莺、冠翎岩鸠和刺莺。在过去，当地居民一直懂得如何可持续地烧地开荒，但怎么烧才合理，什么时候烧不影响野生动物们，显然这些相关的知识已经遗失了。

　　在辛普森沙漠里，一开始我们开车超过了这只正咬着一条中部松狮蜥（*Pogona vitticeps*）的雌澳洲野犬（*Canis lupus dingo*）。后来我们减了速，跟它并排前进。这样走了数百米后，它继续往前，越过马路，朝着约500米外的一处岩石滩前进。我们一直盯着它看，直到它消失在岩石中。毫无疑问，岩石滩里有一群幼崽在等着它。那天早些时候，我们拍到了一条类似的蜥蜴，它身着交配期的体色。通常，要是有人拍照的话，中部松狮蜥体表的颜色会立即变成斑驳的灰色。

　　上方的照片是在辛普森沙漠中著名的猩红沙丘丘底的纳帕纳里卡湖附近拍摄的，照片中的一群澳洲野犬的幼崽正在等吃的。当时湖水已满，这片湖养活了数百只鸭子、长腿鹬、苍鹭、鹏鹕、骨顶和鸢。这些幼崽看着不像是纯种的澳洲野犬，但对页图中那只正号叫着的肯定是澳洲野犬。我们当时在沙丘顶，看到有 6 只幼崽，它们正在嬉戏打闹、追逐草鹨莺。我们决定偷偷潜行，试试看能不能拍到一张好照片。我们用尽了浑身解数，靠着久经考验的"偷窥"技术，距离它们越来越近。最后我们终于靠近了，它们也没有注意到我们，我们高兴极了，就坐下来开心地拍起来，一边拍，一边留意澳洲野犬妈妈是否出现，它要是发现了我们，可能会有点儿生气。

太阳要落山了，我们便开车返回沙漠中的营地。途中，我注意到路边有一小团黑色的不明物体，意识到这是一只针鼹（Tachyglossidae spp.）。尽管光线微弱，我还是很想尝试拍一些照片。我们走近时，它停下不动了，但没有像平常一样缩成一个球。过了一会儿，它继续挪动起来，似乎是决心要在天黑之前到哪儿（可能是回到安全的洞中喂幼崽？当时是8月，正是它们的繁殖季）。我能看到它灵敏但脏兮兮的鼻子，珍珠状的眼睛，耳朵张开，还有尖尖的爪子和尖锐的刺。这是我在野外见过的个头最大的针鼹，至少有45厘米长。它背上5厘米长的刺是由角蛋白构成的，跟我们的指甲一样。由背上的针刺形成的漂亮花纹中，我们能看到有些刺断了，刺的中间是空心的。

荒野奇迹

本页及对页图是风暴即将来临时，提拉里沙漠中慕格瑞尼沙丘的景象。

　　一般人对澳大利亚的印象是澳大利亚到处是山：火山残骸、巨岩、尖峰、高山……但是，实际上澳大利亚的大部分地区是望不到尽头的平地。你踮起脚来，抬头尽量往远处望，远一点、再远一点。你会发现天空占据了视野的最大面积，你能看到的天空甚至比能看到的土地要多得多。要不了多久，你就会看得眼睛都累了，还得挥手赶苍蝇。唯一能让看到的景色有点儿变化的做法，就是稍微左右转一下头，就像相机在拍全景图照片的时候似的。在澳大利亚，你朝任何方向

一直往前走，看到的景色基本不会有什么变化。是的，想看个不一样的景儿，你得带上午餐，准备好开始长距离徒步行走，别忘了带上防晒霜。人们更喜欢"野景"的概念，简单来说，就是任何规模的自然景观。野景就像数学中的分形图一样，无论 10 厘米，1 米，10 米还是 100 米的尺度，只要你仔细看，不同形状之间似乎都暗示着某种关联和重复。野景不必非得是地平线上隐约可见的天空，它有时候尽在细微之处，你只要向前或向后走几步，就能感受到很大的不同。

　　布里斯班植物园里有个鸭塘，池塘旁边是一座公寓大楼，楼面玻璃刚好能把日出的景象倒影到池塘的水面上，那景色美得令人难以置信。鸭塘边是我最喜欢的观景点之一，相信你看了上图也能理解为什么。利用倒影，我可以将图片中的大小景观相结合——可以说是在相机上玩尺度。在这幅图中，一朵精致的睡莲好似融入了9层楼高的公寓中一样。

　　蘑菇除了由菌丝体组成的地上子实体外，它地下的菌丝部分还有很多。有些菌类特别巨大：分布在美国俄勒冈州的蜜环菌属的菌类，其地下菌丝可以遍布4千米的林地。这些大型菌类的地下菌丝在树木的根部之间穿插，可以从一株植物中吸收养分，然后再将养分运输给另一株。菌丝的复杂程度和它对环境做出反应的能力，常让人联想到哺乳动物的大脑。因此，你下一次找到蘑菇时，要礼貌地向它做"自我介绍"。

　　真菌界、原生生物界、原核生物界、动物界和植物界是生物的五大界（译者注："五界说"是较早的分类观点，现在的主流观点为"三域六界说"）。这是当我趴在烂泥里，把微距镜头推到蘑菇上时想到的事儿，我还会想："我今天上班会不会迟到，我的同事会注意到我膝盖上的泥吗？"真菌与植物的差别，就跟兰花与人的差别一样大，也跟我们与炭疽菌的差别一样大。

属于不同"界"的生物，从生理解剖的角度来看，是完完全全不一样的。界与界之间的差别很大，相比之下，可能人类跟从宇宙飞船上掉下来的、手举探测器的某个玩意儿之间的亲缘关系还更近一些。正是这种思路，激发了我着重展示蘑菇这种生命的异域风情。我希望你也会为这种微小的生物赞叹不已，因为它们一点儿也不比霸王龙弱。

昆士兰州班达伯格的红岩。

　　彩虹谷是北领地的神奇之地，那里有一个观景台，站在上面可以欣赏到夕阳照在高高的悬崖上产生的奇异美景，有些摄影师为了完美呈现这里的风景，甚至要拍五千万张照片。我和萨莉更喜欢在悬崖的底部四处晃，欣赏岩石，思考并想象它们如何形成，风沙又如何不断侵蚀，从而使它们留下了痕迹，并感慨这一切都是大自然的美好安排。很快，在一百万年左右的时间里，悬崖将消失，来自太空的游客会想知道为什么这里有一个可以俯瞰毫无特色平原的平台，并猜测这里肯定是什么宗教活动场所的遗迹。但现在，我们在此能感受到自己与大自然精神相通，就像我相信过去的原始居民在这里也有这样的感受一样。

上图拍摄于北领地首府达尔文的夜崖。

　　我们在达尔文的夜崖住了 4 年。我当时正处于沉迷拍摄"大幅图"的阶段，用的是一台特别旧的相机。不仅如此，用的胶片也特别贵，所以我特别挑拍摄题材。幸运的是，我不必走太远就能拍到好照片，因为夜崖的野外景观非常棒。上图是小海湾中糖果色的小石头，石头表面流淌过潮汐时的场景尤为壮丽，现在正值最大潮，场景在几分钟内可能就会发生巨大变化。

　　我对月球很感兴趣，可以预测每天月球的位置、相位和它对潮汐的影响。我那时的很多拍摄日期都是提前几周定好了的。我和米歇尔的婚礼正是在夜崖海滩上的一块美丽的岩石上举办的。我们特意挑选了日期和时间，如愿在满月升起和太阳落山时交换戒指，而潮汐在我们周围涌动，仪式感满满。多酷啊！

现在有的手机软件可以随时随地指明太阳和月亮的位置。在过去——就是还得把头伸进相机才能拍照的时候，出门就得带着指南针和手表，算出太阳和月亮的位置特别难。对页图是我在凯瑟琳湾附近拍摄的一条小瀑布。当时我身后正好有一条缝，从这条缝望出去，能远远地望到地平线。每年有几周的时间，阳光正好能穿过这条缝照射过来。现在想起来觉得当时

塔斯马尼亚岛的利菲瀑布。

254

自己一定是疯了，因为我真的找了一个合适的星期六，开车3小时从达尔文到伊迪斯瀑布，再走了1小时的上坡路，到达地点后把头伸进相机里，拍下了这里你看到的这张照片（上图），然后转身回家。拍摄单张照片往返花费9小时！要是告诉今天的年轻人，他们恐怕都不会相信！

北领地的伊迪斯瀑布。

昆士兰州的瓦帕溪。

南澳大利亚的多彩沙漠。

昆士兰州玻璃屋山脉的库诺林山。

　　1770 年 5 月 17 日，詹姆斯·库克船长将斯特拉德布鲁克群岛和莫顿群岛之间的水道命名为莫顿湾。在那里，探险者可以看到被库克船长命名为玻璃屋的一群山。约瑟夫·班克斯在日记中指出，"在一些形态特殊的圆锥形山丘附近，飘散着许多烟雾"。我的这些照片再现了这一观察结果。

它曾凿开过地球

伟大的雷神之锤……

雷云在岩石上若隐若现。

位于北领地玛丽·凯瑟琳的露天铀矿。

当它们走近人类世界

黑背钟鹊（*Cracticus mentalis*）。

　　野生动物的生存发展与人类文明的繁荣进程交相辉映，这种碰撞无处不在：从购物中心的垃圾场，到废弃的燃油泵；喜鹊在丢弃的外卖食品袋中觅食；满地烟头……在北领地康纳山附近，一只鸸鹋在犹豫是否要从路边的自助加油站里找点儿水喝。

澳洲白鹮（*Threskiornis moluccus*）很容易惹人厌，因为它们的行为习惯令人堪忧：喜欢在垃圾场里争夺人类丢弃的食物垃圾。只要它们试图靠近你（偷你的午餐吃），它们身上难闻的气味就会导致自己先被人发现（偷盗也就失败了）。我的女儿叫它们"臭鸟"。看来是有人给了她一些野外观鸟的指南。我拍到过它们在巢穴中为了求偶向同伴做炫耀行为的照片，而且它们的交配行为是残忍、疯狂又嘈杂的。在我检查照片时，我震惊地发现每只鸟能跟多只进行交配。最重要的是，它们裸露的脖子又很难看，总是令人隐约感觉有点儿厌恶。跟澳洲白鹮比起来，你甚至可能觉得最恐怖的爬行动物都要好一些。

但是，只要你观察得足够仔细，又愿意放下成见，那么每个生物都会让你觉得值得被爱。让我们从一只澳洲白鹮雏鸟开始观察。它破壳的时候，会用小小的喙敲开蛋壳。跟成鸟比，即使雏鸟的喙与身体的比例

更合理，但它的喙仍旧太重了，让它都抬不起小小的头。果然所有的幼崽都很可爱。

然后是澳洲白鹮头骨的奇妙之处，它是演化工程学的奇迹。我特别想要一个，哪怕唐·布拉德曼的网球拍摆在我面前，我也更愿意选澳洲白鹮的头骨。

如果你想要爱上澳洲白鹮，就得观察它们从高处落回巢的样子。就这么点儿小事，它们却落得最不寻常。澳洲白鹮会将翅膀向后折起，突然下降（对页图），像砖头一样掉落，然后又突然将翅膀打开，重新获得对身体的控制权。看到一群鸟同步这么做，简直就像自己在飞翔。说实话，无论谁能给你飞行的超能力，你都会原谅他的可恶之处，即使他是一个臭又丑的小偷。

　　我曾经爬上过一棵巨大的诺福克松，坐在一群鹈鹕中。树在微风中摇曳，让自己挂在树上不掉下来非常难，我感觉手都酸了。可是鸟儿们却双脚张开，悠闲地在树枝上放松。不幸的是，我爬树的时候没拿照相机，没有拍到鹈鹕在树上的状态，但是上面的这张照片中的鹈鹕与树上的在精神上是相似的。你能看到鹈鹕的脚轻松地抓在木头上，而不用紧紧握住。照片左侧是绑缆绳的系缆桩，形状像个宝塔似的，使画面透出一股禅意。鹈鹕不看镜头，而是头向内转，似乎在忧郁地思索某个困扰着它们整个物种的巨大难题。

对页图：澳大利亚鬃林鸭。

268

前往澳大利亚城市中的任何一个观景湖，你都能看到暗色水鸡（*Gallinula tenebrosa*）。它们的羽毛看上去旧旧的，只有额头上的鲜艳斑块，可以缓解一下灰褐色身体在视觉上带给人们的沉闷感。令人意外的是，在它们平凡无奇的外貌下，它们的家庭生活可谓丰富多彩。首先，暗色水鸡实行"一夫多妻"制。一个雄性不仅有多个雌性伴侣，而且住在一起的同一群中的所有雌鸟与所有雄鸟都会互相交配。有些在一个季节能交配1000多次。暗色水鸡的科研人员做数据处理的时候，都得取对数来研究这么大的数值。

  与多个异性进行交配的方式，不仅提高了基因在后代中的传播力，而且可以提高幼崽存活率。雌鸟会一起在同一个巢中合作孵蛋，雏鸟全部在一起孵化，这样能够提高孵化的成功率。另外，跟这些鸟没有关系的雌鸟也会在巢中下蛋，这种行为就像杜鹃一样，将照顾后代的责任交给其他父母。这种"杜鹃雌鸟"下蛋的时间和其他大多数雌鸟不一样，因此它们产下的蛋的孵化成功率要低得多。谁会想到，这些在芦苇丛中走动的不起眼的鸟儿，它们的生活如此精彩。就是这些看起来安安静静的生物，你才得"小心"！

　　20 世纪 60 年代，在特宾比拉自然保护区工作的护林员大卫·克尔参与了水鸟池塘和人行道的开发建设。这些工程为鹊雁（*Anseranas semipalmata*）等一些鸟类提供了避风港。它们或在池塘中觅食和筑巢，或栖息在人行道的栏杆上。20 世纪 90 年代初，鹊雁在东南部的原野消失了，但在特宾比拉等地又重新出现了。

等一下，再等一下，走！

随便跟我说一个鸟的名称，我都能给你定位到种。有趣的是，一个物种内所有鸟的个性都多少有点儿共性。粉红凤头鹦鹉胆小；扇尾沙锥忧郁；刺嘴莺活泼；白颈麦鸡一脸自我怀疑，你遇到过的这些鸟是不是都这样？你遇到的每一只凤头鹦鹉都像是"小流氓"，就是那种你聚会时愉快地将他迎进家门，最后却发现这么做是个噩梦的客人。你只要把一只凤头鹦鹉留在卧室一个晚上，起来时你就会发现，冰箱是空的，猫都已经离家出走。要是把凤头鹦鹉比作一类人，估计会是路上那些完全不看红绿灯开车的司机。

　　小凤头鹦鹉（*Cacatua sanguinea*）算是人类"入侵"自然界的受益者。它们很擅长集群，能在城镇里和荒郊灌木丛中成群觅食、争斗、娱乐、交配和栖息。你在昆士兰州朗里奇的旧水塔里每天都能看到几百只。

　　郊区公园里，一只绯红鸲鹟（*Petroica boodang*）雌鸟正将垃圾桶作为一个方便的落脚地，它完全没有注意到垃圾桶都满得开始溢出来了。这桶中的垃圾就象征着人类每年扔出去的数量几乎能堆满珠穆朗玛峰般的垃圾，对页图中的这些垃圾污染着我们的星球。彩虹鹦鹉（*Trichoglossus haematodus*）在一户人家后门的喂鸟器里吃饱后开始清洁羽毛。

　　要是我们的读者愤世嫉俗一点，肯定会怀疑是萨利把这条横纹长鬣蜥（*Intellagama lesueurii*）放在陶瓷雕像上的。事实并非如此。当时，我们正在昆士兰州布里斯班的罗马大街公园散步，她注意到这条蜥蜴纯属偶然。布里斯班公园里有几十只这种蜥蜴，它们靠投喂长成了超大的个头。它们也取食遍地的无花果树。每年的 10 月至 11 月，雌蜥蜴挖洞产卵。小小的幼年蜥蜴在 1 月现身，至少我在我们家的院子里看到的是这样的。